国家出版基金项目
NATIONAL PUBLICATION FOUNDATION

有色金属理论与技术前沿丛书

铝锌镁系合金
钪锆复合微合金化

Sc and Zr Microalloying in Al – Zn – Mg Series Alloys

邓英　尹志民　徐国富　著

Deng Ying Yin Zhimin Xu Guofu

中南大学出版社
www.csupress.com.cn

中国有色集团

内容简介

Introduction

　　本书是一本关于铝锌镁系合金钪锆复合微合金化方面的专著，全书主要内容分为9章。第1章概述了迄今为止钪锆微合金化铝合金及高强铝锌镁系合金的研究成果，指出了有待进一步研究的领域；第2章至第5章研究了不同钪锆含量的铝锌镁系合金铸锭均匀化、合金热轧、冷轧及其随后热处理过程中组织性能演变规律，优化了铝锌镁钪锆合金的制备工艺；第6章至第9章则着重比较研究了铝锌镁钪锆合金板材平面各向异性、腐蚀、焊接和超塑成型等应用性能特点；在此基础上，深入探讨了微量钪锆在铝锌镁系合金制备过程中的存在形式，及其对合金强度、再结晶、各向异性、焊接、腐蚀和超塑变形的作用机理，旨在为钪锆复合微合金化铝锌镁合金的制备和应用提供理论和实验依据。该书涵盖的内容对开发新一代航天用高强高韧、耐蚀、高焊接性和高超塑性铝合金具有重要参考价值和借鉴意义。

　　该书内容丰富，数据详实，结构严谨，可读性强，可作为材料科学与工程相关专业和材料显微分析测试教学或参考用书，也可供从事铝合金科研、开发和生产的科技人员参考。

作者简介

邓英,女,1986年生,博士,博士后,2012年中南大学十佳博士,毕业留校任中南大学材料科学与工程学院讲师。主要从事高性能铝合金研究与开发、铝合金微合金化强韧化、超塑性、焊接、腐蚀方面的研究,在扫描、透射电子显微分析技术方面有专长。公开发表论文28篇,其中在SCI外刊以第一或通讯作者发表论文15篇,主持中国博士后基金面上项目1项,主持粉末冶金国家重点实验室开放课题1项,2015年获湖南省科技创新人才计划资助。

尹志民,男,1946年生,1987年加拿大Toronto大学留学回国人员,博士,博士生导师,中南大学"材料物理与化学"国家重点学科二级教授,享受政府特殊津贴。主要从事高性能铝合金和高强高导铜合金研制与开发。先后主持完成国家自然科学基金3项、国家"973"项目子课题2项、总装预研1项、国家"863"高技术1项、民口配套2项、科技部创新基金和国家重点新产品各1项、省部级科研项目6项。作为课题第二负责人配合产业单位承担"九五"和"十五"攻关项目各1项、民口配套材料研究项目9项。成功研制了2种用钪和锆微合金化的铝镁基和铝锌镁基合金,产品应用于航天部门;研制开发了用于高速、地铁和轻轨列车大功率调频调速异步牵引电动机的铜合金转子部件,产品被认定为国家重点新产品。获国家科技进步二等奖1项、中国有色金属工业科技进步一等奖2项、二等奖4项、湖南省科技进步二等奖3项,发明专利5项,发表论文236篇、专著2部,指导博士后5人,博士研究生20人,硕士研究生52人。

徐国富,男,1966年生,教授,博导,现任中南大学材料与工程学院副院长,全国高校材料学科实验教学研究会副理事长,湖南省电机工程学会金属焊接专委会副主任委员,湖南省精密仪器测试协会失效分析专委会委员。主要从事新型有色金属材料的设计、加工制备和组织性能与结构表征,以及材料的失效分析和性能测试。先后主持国家支撑计划、装备预研重点基金和军品配套、横

向合作项目 10 余项,公开发表高水平学术论文 40 余篇,指导博士
研究生 4 人,硕士研究生 24 人。

学术委员会

编辑出版委员会

Editorial and Publishing Committee／国家出版基金项目
有色金属理论与技术前沿丛书

总序

Preface

当今有色金属已成为决定一个国家经济、科学技术、国防建设等发展的重要物质基础，是提升国家综合实力和保障国家安全的关键性战略资源。作为有色金属生产第一大国，我国在有色金属研究领域，特别是在复杂低品位有色金属资源的开发与利用上取得了长足进展。

我国有色金属工业近30年来发展迅速，产量连年来居世界首位，有色金属科技在国民经济建设和现代化国防建设中发挥着越来越重要的作用。与此同时，有色金属资源短缺与国民经济发展需求之间的矛盾也日益突出，对国外资源的依赖程度逐年增加，严重影响我国国民经济的健康发展。

随着经济的发展，已探明的优质矿产资源接近枯竭，不仅使我国面临有色金属材料总量供应严重短缺的危机，而且因为"难探、难采、难选、难冶"的复杂低品位矿石资源或二次资源逐步成为主体原料后，对传统的地质、采矿、选矿、冶金、材料、加工、环境等科学技术提出了巨大挑战。资源的低质化将会使我国有色金属工业及相关产业面临生存竞争的危机。我国有色金属工业的发展迫切需要适应我国资源特点的新理论、新技术。系统完整、水平领先和相互融合的有色金属科技图书的出版，对于提高我国有色金属工业的自主创新能力，促进高效、低耗、无污染、综合利用有色金属资源的新理论与新技术的应用，确保我国有色金属产业的可持续发展，具有重大的推动作用。

作为国家出版基金资助的国家重大出版项目，《有色金属理论与技术前沿丛书》计划出版100种图书，涵盖材料、冶金、矿业、地学和机电等学科。丛书的作者荟萃了有色金属研究领域的院士、国家重大科研计划项目的首席科学家、长江学者特聘教授、国家杰出青年科学基金获得者、全国优秀博士论文奖获得者、国家重大人才计划入选者、有色金属大型研究院所及骨干企业的顶尖专家。

国家出版基金由国家设立，用于鼓励和支持优秀公益性出版项目，代表我国学术出版的最高水平。《有色金属理论与技术前沿丛书》瞄准有色金属研究发展前沿，把握国内外有色金属学科的最新动态，全面、及时、准确地反映有色金属科学与工程技术方面的新理论、新技术和新应用，发掘与采集极富价值的研究成果，具有很高的学术价值。

中南大学出版社长期倾力服务有色金属的图书出版，在《有色金属理论与技术前沿丛书》的策划与出版过程中做了大量极富成效的工作，大力推动了我国有色金属行业优秀科技著作的出版，对高等院校、研究院所及大中型企业的有色金属学科人才培养具有直接而重大的促进作用。

2010 年 12 月

前言 / Foreword

　　本书是关于高强高韧、耐蚀、高焊接性和高超塑性铝锌镁钪锆合金研究方面的专著,是 2008 年出版的《钪和含钪合金》专著的延续和发展。铝锌镁钪锆合金由于强度高、韧性好、抗应力腐蚀强,特别是它具有传统高强铝锌镁合金所缺少的高焊接性和超塑成型特性,在航天航空、舟桥和一些军用焊接构件和需要超塑成型的构件中具有显著优势。"十二五"期间,铝锌镁钪锆合金研究被列入国家有关部门研究计划项目,本工作是上述项目研究的一部分,主体内容侧重于材料制备过程显微组织结构演变以及与应用性能特点相关的基础研究。在此基础上,深入探讨了微量钪锆在铝锌镁基合金制备过程中的存在形式和作用机理,研究旨在为这种合金的制备和应用提供理论和实验的依据。

　　研究过程中,材料制备得到东北轻合金有限责任公司科研部的大力支持,尤其要感谢何振波教授级高工、聂波教授级高工、刘显东高工、路丽英高工、林森高工、王英君高工和丛福官高工的参与和指导,是他们为本工作提供了高质量不同钪锆含量的铝锌镁合金铸锭。本书试验研究得到中南大学材料学院潘清林教授、姜锋教授和物理院彭勇宜副教授的细心指点与帮助;铸锭均匀化、轧制、热处理和组织性能检测在中南大学材料学院新材料工程研究中心和材料实验中心,以及中南大学高等研究中心进行,得到中心老师和课题组研究生的大力协助;氩弧焊和搅拌摩擦焊分别在航天材料与工艺研究所和航空材料与工艺研究所进行,得到雷学锋教授级高工等的大力帮助,作者在此一并表示深深的谢意。

　　铝钪合金研究发展很快,内容也很丰富,限于时间和作者的水平,书中不妥之处在所难免,希望同行专家、读者批评指正。

作者

2015 年 9 月

目录 /

Contents

第 1 章　绪论

1.1　钪锆微合金化铝合金

将微量元素($w \leqslant 0.5\%$)①添加或者复合添加到合金中,从而大幅度提高合金性能的技术称为微合金化技术。在所有微合金化元素中,钪可最大程度强化铝合金[1-5]。在添加微量钪的同时复合添加微量锆,不但能够降低钪的有效添加量,节约成本,还能进一步提高铝合金综合性能。与商业铝合金相比,钪锆复合微合金化铝合金具有比强度高、韧塑性好、耐蚀性能和焊接性能优异等特点,是新一代航天航空、舰船、兵器用高性能轻质结构材料[6-14]。

1.1.1　研究和应用概况

20 世纪 70 年代以后,俄罗斯科学院巴依科夫冶金研究院和全俄轻合金研究院相继对 Sc 在铝合金中的存在形式和作用机制进行了系统的研究,开发了 Al - Mg - Sc、Al - Zn - Mg - Sc、Al - Zn - Mg - Cu - Sc、Al - Mg - Li - Sc 和 Al - Cu - Li - Sc 5 个系列 17 个牌号的 Al - Sc 合金,产品主要瞄准航天、航空、舰船的焊接荷重结构件以及碱性腐蚀介质环境用的铝合金管材、铁路油罐、高速列车关键结构件等[4, 15]。

除苏联外,美国、日本、德国、加拿大等发达国家自 20 世纪 70 年代以来,对含钪铝合金也进行了大量研究[9],且取得了较大进展。目前,俄罗斯宇航局已将 Al - Mg - Sc - Zr 和 Al - Zn - Mg - Sc - Zr 合金用作航天飞行器储箱结构和导弹导向尾翼等,美国航天局兰利研究中心开发了牌号为 C557 的 Al - Mg - Sc - Zr 合金,该合金可在深冷条件下使用,进一步拓宽了钪锆微合金化铝合金在飞船结构和空间站上的应用范围。

在国内,自 1995 年起,在国家自然科学基金、863 高技术项目和民品配套项目等支持下,先后对 Al - Mg - Sc - Zr 系和 Al - Zn - Mg - Sc - Zr 系进行了基础研究和材料研制,取得了一系列成果。"十一五"期间,中国铝业所属东北轻合金有限公司和西南铝业集团与中南大学一道通过产学研结合搭建起了 Al - Mg - Sc -

---

① 本书如无特别交待,默认百分含量为质量分数。

Zr 合金研究开发平台。目前，已经能够为航天提供大规格 Al – Mg – Sc – Zr 合金板材、配用焊丝和锻件，基本上满足了航天、舰船新型号研制的需要。与此同时，在 973 项目的支持下，国内还开展了 Al – Zn – Mg – Sc 和 Al – Cu – Mg – Sc 系的基础研究，在实验室条件下制备出了小规格的板材，性能达到了国外报道水平[16-18]，但是其工程化研究才刚刚开始。

非热处理强化可焊 Al – Mg 合金添加微量钪后，焊接接头强度及基材强度均显著提高，如表 1 – 1 所示。

表 1 – 1 Al – Mg 合金添加微量钪后基材及焊接接头力学性能[19]

合金/%	基材			焊接接头
	σ_b/MPa	$\sigma_{0.2}$/MPa	δ_5/%	σ_b/MPa
Al – 6.0Mg – 0.6Mn	340	170	20	320
Al – 6.0Mg – 0.3Sc	420	320	15	390
Al – 4.3Mg – 0.6Mn	270	120	20	250
Al – 4.3Mg – 0.3Sc	380	280	15	330
Al – 2.3Mg – 0.4Mn	190	80	23	180
Al – 2.1Mg – 0.3Sc	310	250	13	270
Al – 1.2Mg – 0.4Mn	140	50	25	80
Al – 1.2Mg – 0.3Sc	260	220	12	230

在高强可热处理强化的 Al – Zn – Mg 系合金基础上，添加微量钪锆的同时添加少量的铜(0.3% ~ 0.5%)，可显著提高基材和焊接接头的腐蚀抗力，降低裂纹扩展速率。此外，添加钪锆元素后将使由铜引起的焊接裂纹倾向完全消失，提高可焊性。俄罗斯通过复合添加微量钪锆和少量铜，在 Al – Zn – Mg 系合金的基础上开发了 01970 和 01975 合金。这两种合金基材的抗拉强度高于 500 MPa，未经热处理焊接接头强度高于 450 MPa，此外，该类合金还具有较高的腐蚀抗力。

我国钪资源丰富，是氧化钪主要出口国，通过对钪锆微合金化铝合金的应用和开发，不仅可以帮助我国摆脱目前钪资源应用的局限性，还可以推动我国国民经济发展，促进军事科学技术进步[16-20]。

1.1.2　钪锆微合金化对铝合金影响

钪锆微合金化可细化铝合金晶粒、抑制铝合金热处理和热变形过程中再结晶的发生、强化合金[21]。

1.1.2.1　细化晶粒

钪是细化铝合金铸造组织最有效的元素。钪锆微合金化铝合金在 α(Al)熔体凝固过程中，可形成 L1₂结构的初生 Al₃(Sc, Zr)粒子，该粒子可作为有效的非均匀形核剂，细化铸造晶粒。与商业铸态铝合金的树枝晶组织不同，钪锆微合金化铝合金铸造组织由等轴晶构成，晶粒细小（如图 1-1 所示）。此外，钪锆对铝合金的晶粒细化效果可应用于铝合金的熔化焊，降低合金开裂敏感性，提高合金可焊性和焊接接头力学性能。

图 1-1　商业钪锆微合金化铝合金连续铸造铸锭（×100）

(a) Al-5.2 Zn-1.8 Mg-Sc-Zr 合金；(b) Al-6.0Mg-Sc-Zr-Mn 合金（%）[21]

1.1.2.2　抑制再结晶

相比 Cr、Mn、Zr 等其他微量添加元素，钪可更有效地抑制铝合金热处理或热变形过程中再结晶的发生。添加钪到铝合金中，可使合金再结晶温度提高到淬火温度以上。钪之所以能够有效抑制再结晶主要源于形成高密度的 Al₃Sc 粒子，该粒子呈球形，细小弥散。当该粒子与基体共格时，可有效抑制再结晶，但是，一旦共格关系丧失，Al₃Sc 粒子迅速粗化，粒子间距增加，抑制再结晶效果随之弱化[21]。

为了降低二次 Al₃Sc 粒子粗化倾向，在商业铝合金中，添加钪的同时复合添加微量锆，从而形成 Al₃(Sc, Zr)粒子。Petter W. Voorhees 认为[22]，Al₃(Sc, Zr)为球壳结构，球核富钪，外层为1~2 nm的富锆层，如图 1-2所示。相比钪原子，锆原子具有更低的扩散系数，因此，$Al_3(Sc, Zr)$粒子比 Al_3Sc 粒子稳定性更好。

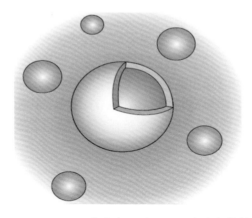

图 1-2 Al-Sc-Zr 合金中 $Al_3(Sc, Zr)$ 析出相的简化图，
绿色代表铝，蓝色代表锆，红色代表钪[23]

图 1-3 为不同均匀化退火温度下 Al-0.1Sc-0.1Zr 合金内 $Al_3(Sc, Zr)$ 粒子的三维原子探针形貌。由图可见，在 300℃下均匀化退火，$Al_3(Sc, Zr)$ 粒子主要由铝和钪原子构成，锆原子则主要固溶在基体中，随退火温度的升高，锆原子逐渐吸附于 Al_3Sc 粒子外层。图 1-4 为不同退火温度下 Zr 在 $Al_3(Sc, Zr)$ 粒子中的成分分布。$Al_3(Sc, Zr)$ 粒子中 Zr 平均含量随退火温度升高而增加，在 300℃、350℃和 400℃下，原子百分含量分别为：0.77% ± 0.05% 、1.86% ± 0.03%和 4.38% ±0.05%。此外，Zr 在 $Al_3(Sc, Zr)$ 粒子中分布也是不均匀的。粒子内层为贫 Zr 的 Al_3Sc，外层为富 Zr 的外壳。随退火温度的升高，该种球壳分布更为明显。在粒子外壳层，300℃、350℃和 400℃下，Zr 原子百分含量分别为 1.6% ±0.4%，2.4% ±0.1% 和 6.2% ±0.2%。$Al_3(Sc, Zr)$ 粒子结构的实验观察与图 1-2 的理论模型近似。

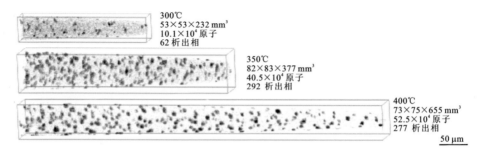

图 1-3 不同均匀化退火温度下 Al-0.1Sc-0.1Zr 合金(原子百分数，%)内 $Al_3(Sc, Zr)$
粒子三维原子探针形貌，Sc 原子蓝色，Zr 原子红色[23]

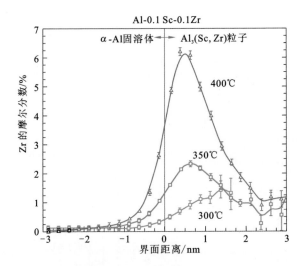

图 1 - 4　Al - 0.1Sc - 0.1Zr 合金(摩尔分数)在不同均匀化
温度下 Al₃(Sc, Zr)粒子中 Sc 和 Zr 元素分布[23]

1.1.2.3　强化合金

从前述两小节可知,钪(锆)复合添加到铝合金中可细化晶粒、抑制再结晶,因此,该粒子可产生细晶强化和亚结构强化。除此以外,高度弥散的 Al₃Sc 或 Al₃(Sc, Zr)粒子本身可产生析出强化。

图 1 - 5 为 Al - 0.1Sc, Al - 0.1Zr 和 Al - 0.1Sc - 0.1Zr 合金(摩尔分数)在不同温度下等时时效的析出行为[23]。在 Al - Sc 二元合金中,Al₃Sc 粒子的析出温度为 200 ~ 250℃(强度开始增加,电导率开始增加),在 325℃下,硬度达到峰值,375℃下电导率达到峰值,说明 Al₃Sc 粒子在 375℃下析出最充分,在 400℃以上,电导率降低,Al₃Sc 粒子逐步回溶,到 500℃时,Al₃Sc 粒子的析出强化消失。在 Al - Sc 二元合金中,Al₃Zr 粒子的析出温度为 350 ~ 375℃,在 425 ~ 450℃下,硬度达到峰值,475℃以上,硬度和电导率均降低,Al₃Zr 粒子粗化回溶。相比 Al - 0.1Sc 和 Al - 0.1Zr 合金,Al - 0.1Sc - 0.1Zr 由于具有较高的合金化元素,其铸态合金电导率较低,硬度较高。Al₃(Sc, Zr)粒子的析出温度比 Al₃Sc 粒子高,但比 Al₃Zr 粒子低,在 400℃下,硬度达到峰值,电导率在 475℃达到峰值。值得注意的是,相比 Al₃Sc 和 Al₃Zr 粒子,Al₃(Sc, Zr)粒子具有更佳的强化效果和稳定性(600℃时,该粒子仍存在一定的析出强化)。

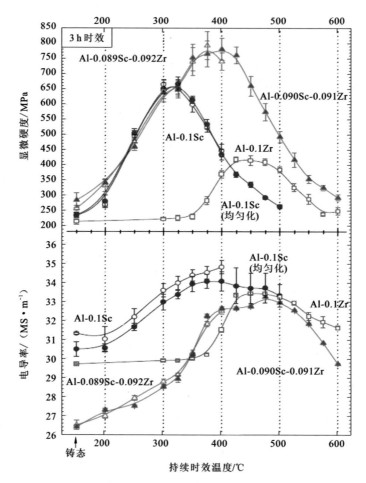

图 1 – 5 Al – Sc，Al – Zr 和 Al – Sc – Zr 合金（摩尔分数）
在不同温度下持续时效 3 h 的硬度和电导率变化规律[23]

1.1.3 钪在铝合金中的添加原则

在制备钪锆微合金化铝合金时，需确定钪锆的合理添加量。钪添加量的原则主要是，在连续铸造条件下要保证钪都过饱和到固溶体基体中，在随后的热处理过程中使含钪锆铝化物粒子弥散均匀析出。在考虑这些粒子析出时，首先要保证粒子能有效地抑制再结晶，在合金内形成亚晶组织；其次才考虑粒子对合金的析出强化效果。为了解决这个问题，需考虑以下几个条件[24]。

平衡条件下，在共晶转变温度下，钪在铝合金中的最大固溶度约为0.4%。

在典型的连续铸造工艺的冷却速度下，凝固温度范围内，非平衡过饱和铝合金固溶体中钪含量可达到 0.5% ~ 0.6%，在此钪含量下，合金中钪引起的最大强化效果可得到保留。然而，这个添加原则只在实验室小尺寸生产中是适应的。因为在实验室条件下，可以有效调节加热温度和时间，防止过饱和钪从基体中析出时发生团聚。在商业生产中，比如较大的合金铸锭，需升高加热温度和延长加热时间，当添加 0.6% 钪到铝合金后，铝合金中非平衡的过饱和钪固溶体在分解析出时会发生团聚，从而，钪添加对铝合金的有利影响随之消失。因此，为了减小过饱和固溶体分解析出相的粗化程度，提高钪添加对合金的有效影响，钪添加一般不应该超过 0.35%。这样，商业生产中，加热温度和加热时间尽管发生一定的变化，过饱和固溶体分解析出粒子的团聚速度会降低，由此钪添加引起的强化效果得到保留。

含钪铝合金中可添加一些过渡金属，例如铬、锆、钛、钒等，其中，锆是最高效的添加剂。锆可以与铝和钪形成 $Al_3(Sc, Zr)$ 粒子，该粒子可有效提高合金性能。当添加微量钪锆到铝合金焊接接头时，钪和锆的含量范围应分别控制在 0.07% ~ 0.30% 和 0.07% ~ 0.15%。如果总元素含量超过元素添加上限，则会形成粗大的初生 $Al_3(Sc, Zr)$ 相。

根据商业铝合金的实际生产经验发现，对于不同的合金体系，保证合金经热处理后仍能保留非再结晶组织的合理钪含量是不同的。对于容易发生再结晶的 Al - Mg 合金而言，能保证淬火产品不发生再结晶的钪含量较高，大约为 0.25% ~ 0.30%；对发生再结晶相对不太敏感的 Al - Zn - Mg 合金而言，能保留非再结晶组织的钪含量为 0.15% ~ 0.20%；对于含 Li 铝合金，经严重塑性变形的冷轧板材，只需添加 0.10% 钪就能保证合金不发生再结晶。和锆添加一样，钛和钒也能溶入 Al_3Sc 相内替换钪原子，且能降低引起合金晶粒细化效果的钪的最大添加量。钛含量的有效限制范围为 0.02% ~ 0.06%。

镁不和钪发生反应，因此，镁在含钪铝合金的作用和在没添加钪的商业铝合金是一样的。添加镁到铝合金后，可进一步提高半成品的强度，稳定多晶结构，提高合金腐蚀抗力。

铝合金主合金化元素(Mg、Zn、Li、Cu、Si)中，只有锌、镁和锂不和钪反应。因此，添加微量钪到 Al - Mg、Al - Zn - Mg 和 Al - Mg - Li 系合金是非常有用的。鉴于此，已经开发了 Al - Mg - Sc 系 (1570、1571、1545、1535、1523、1511)，Al - Zn - Mg - Sc 系 (1970、1975) 和 Al - Mg - Li - Sc 系 (1421、1422、1424)商业铝合金。以上合金性能均优于传统商业铝合金。

铜和钪可发生反应，形成 W 相。当形成 W 相后，固溶体内的铜和钪含量会降低，由此引起的结构变化会降低合金强度、塑性及开裂抗力。因此，当要添加钪到含铜铝合金时，需限制钪的添加量及考虑以上影响。

硅作为铝合金的一种传统合金化元素，可与钪反应生成富 Si、Al 和 Sc 相。在实际生产过程中，即使硅含量只有 0.4%，钪对铝合金的有利作用均消失。因此，实验数据显示，对于含钪铝合金，其硅含量不应该超过 0.15%。铁作为铝合金中不可避免的杂质元素，当其含量低于 0.8% 时不和钪发生反应，不改变铝合金中钪固溶体特征，因此并不降低其抑制再结晶能力及强化效果。

1.1.4 钪锆微合金化铝合金制备过程中的特点

在制备含钪锆锻造铝合金的过程中，其技术周期及技术参数的选择，均应保证铸造过程中固溶在过饱和基体中的钪锆在随后的加工过程中呈细小弥散析出，形成 $Al_3(Sc, Zr)$ 粒子。

1.1.4.1 熔炼与铸造

钪锆微合金化合金的熔炼和铸造，需确保钪和锆的铝化物能够完全溶入基体中，且在液态铝合金中完全溶解。虽然这很难实现，但应该研制一种复杂的技术及产品测量手段解决这一问题。在 350~600℃ 温度范围内，钪锆在铝中稳定性较差，熔体凝固的冷却速度，以及铸锭的冷却速度应确保钪锆完全固定及保留在固溶体中。经验显示，直径为 800 mm 的连续铸造铸锭直接水冷后，铸锭表面的冷却速度可以保证钪锆完全固溶在基体中。

1.1.4.2 均匀化

钪锆微合金化铝合金均匀化温度和时间的选择，首先应该消除主合金化元素形成的残留共晶相，其次，要使过饱和基体中的钪锆元素以 $Al_3(Sc, Zr)$ 粒子弥散相的形式充分析出。

1.1.4.3 塑性变形

对铸锭合金进行塑性变形时，其加热温度应以不引起钪锆团聚为原则。合金强度主要受冷热加工的变形程度影响，随应变量增加，合金内的位错密度增加，在随后的淬火及退火加热过程中将形成较为细小的晶粒亚结构，合金强度提高。冷加工过程中的退火则对合金的强度影响很小[21]。

在冷热轧制过程中，总变形量是保证合金强度的关键因素。因为在合金轧制过程中的中间退火可以导致合金内发生多边形化。在低的应变条件下，由变形引起的应变强化在随后的多边形化中将会得到释放。不同合金体系，如 Al - Mg 系、Al - Zn - Mg 系和 Al - Mg - Li 系的退火工艺没有根本的差别，钪锆微合金化铝合金的退火制度可以和商业铝合金相同或相似。

1.2 Al – Zn – Mg 合金时效析出及其强化机制

1.2.1 时效析出序列

自然时效的 Al – Zn – Mg 系合金时效相主要为 Guinier – Preston(GP)区。人工时效时,其时效相析出序列一般认为是:过饱和固溶体→GP 区→η' 过渡相→η 平衡相(MgZn₂)[25 – 30]。在低温下时效(20 ~ 100℃),时效相以 GP 区为主[31];中温下时效(120 ~ 150℃),时效初期以 GP 区为主,随时效时间延长,GP 区逐渐转变为 η' 相[32];高温下时效(>160℃),则各相相继出现,充分时效后主要为粗化的 η 相[33]。

此外,也有许多材料研究学者发现了另一种与富空位团簇(Vacancy – rich Cluster,VRC)有关的时效析出序列[34, 35]:过饱和固溶体→VCR→η' 过渡相→η 平衡相。VRC 形成于快速淬火,且在 180℃下都相当稳定,但是长时间自然时效也能使其消失。因此,7XXX 系铝合金通常还是以 SSS→GP 区→η' 过度相→η 平衡相序列顺序为主[28, 36 – 39]。

1.2.2 时效析出相

GP 区是指合金固溶处理后初期出现的时效析出相。GP 区分为 GPI 区和 GPII 区。GPI 区的形成不依赖于淬火温度,且析出温度区间较宽,从室温至 150℃均能形成。GPI 区与铝基体共格,是由基体中成分起伏引起 Zn 和 Mg 原子在铝基体的{100}面上偏聚而形成的原子团簇,其形状呈圆形,尺寸十分细小,大约为 1 ~ 2 nm[28, 40 – 43]。GPII 区的析出依赖于淬火温度及时效温度,只有当淬火温度高于 450℃,时效温度高于 70℃才能形成[28, 44, 45]。GPII 区为基体{111}富锌层,内部沿 <110> 方向拉长,厚度约为 1 ~ 2 个原子厚,宽度为 3 ~ 6 nm,且为 η' 相的前躯体。对于添加微量钪锆的 Al – Zn – Mg 合金 GPI 区和 GPII 的衍射斑及高分辨电子形貌分别如图 1 – 6 和图 1 – 7 所示[28, 30],其中图 1 – 6 中除 GPI 区和 GPII 的衍射斑外,还有一套来自于 Al₃Zr 粒子的超点整斑。

亚稳相 η' 弥散细小,是 Al – Zn – Mg 系合金的主要时效强化相[25, 46]。η' 一般认为是由 GPII 区或富空位团聚演变而来。η' 相为盘状,盘面与基体(111)面共格,直径大约为 10 ~ 20 nm,厚度在几个纳米左右,与基体的取向关系为:$(001)_{\eta'}//(111)_{Al}$,$[110]_{\eta'}//[011]_{Al}$[47]。图 1 – 8 和图 1 – 9 为 Al – Zn – Mg – Zr 合金中 η' 相在不同入射方向下的衍射斑点和高分辨像。

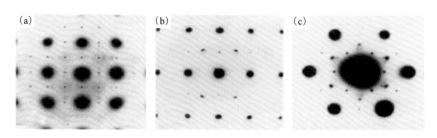

图1-6　Al-Zn-Mg-Zr 合金 GP 区衍射斑

(a)100℃时效 1.5 h，[001]_{Al} 入射方向，GPI 区衍射斑；(b)[112]_{Al} 入射方向，GPII 区衍射斑；

(c)[111]_{Al} 入射方向 GPII 区衍射斑[28]

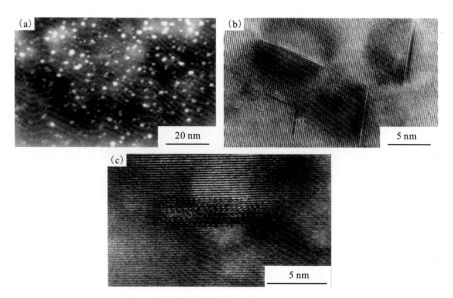

图1-7　Al-Zn-Mg-Zr 合金中 GP 区形貌

(a)[001]_{Al} 入射方向 GPI 区暗场像；(b)[110]_{Al} 入射方向 GPII 区高分辨像；

(c)[111]_{Al} 入射方向 GPII 区到 η' 相的过渡相/η' 相前驱体[30]

　　目前 η' 相的结构和成分还不是十分清楚[30,47-51]。Alud 提出了相对较为认可的 η' 相结构模型[47]，在这个模型中，η' 相和铝基体晶格关系为：d(0001)_{\eta'} = 6d(111)_{Al}；d(10\overline{1}0)_{\eta'} = 3d(220)_{Al}。使用这一模型计算的 η' 相与基体的晶格错配度较低，与实际观察较为符合。η' 相的成分组成一般认为是 $MgZn_2$，因 η' 相在不同时效阶段其成分发生变化，因此具体成分比值鲜见报道[52]，但其在时效过程中

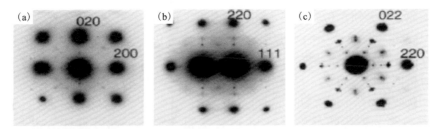

图 1 - 8　Al - Zn - Mg - Zr 合金中 η' 相的电子衍射花样，时效制度为 100℃/5 h + 150℃/6 h
(a)[001]$_{Al}$入射方向；(b)[112]$_{Al}$入射方向；(c)[111]$_{Al}$入射方向[30]

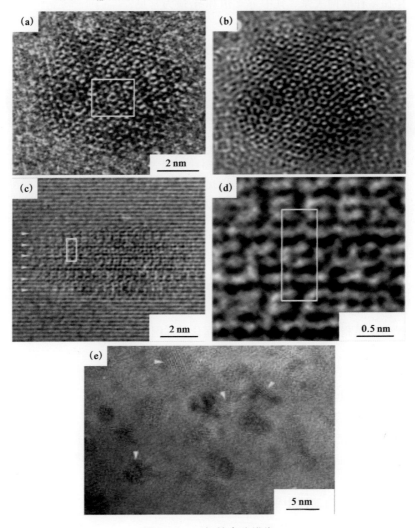

图 1 - 9　η' 相的高分辨像
(a)[001]轴下的观察像；(b)[001]轴下的过滤像($\Delta f = -47.5$ nm)；(c)[110]轴下经 CTF 校正像；
(d)图(c)矩形方框放大像；(e)η'相在铝基体[111]入射方向下的低倍高分辨像，显示 η' 相为球状[30]

Zn/Mg 原子比大约在 0.7 ~ 2.5 范围内[42,47-51]。

Al – Zn – Mg 合金中的平衡相 η，其成分组成仍为 MgZn$_2$。该相与基体不共格，为六方结构，点阵参数为：a = 0.51 nm，c = 0.86 nm。平衡相 η 和亚稳相 η' 相形貌相同，均为盘状，尺寸稍大，直径约 50 ~ 60 nm，厚度约 10 ~ 20 nm。图 1 – 10 为 η 相在不同入射方向下的电子衍射花样。平衡相 η 为 Al – Zn – Mg 合金过时效产物，其既可由亚稳相 η' 转变粗化而来，也可直接从铝基体析出[27,28,30]，因其与基体不共格，且尺寸粗大，其对合金强度的贡献很小。η 相和铝基体存在多种取向关系，其中 η_1、η_2 和 η_4 最为常见[53,54]。

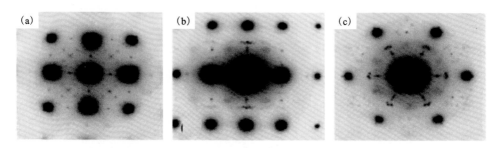

图 1 – 10　η 相的电子衍射花样，时效制度为 150℃/24 h

(a)[001]$_{Al}$入射方向；(b)[112]$_{Al}$入射方向；(c)[111]$_{Al}$入射方向[28]

1.2.3　强化机制

铝合金强化机制包括晶界强化、固溶强化、位错强化及析出强化。

1.2.3.1　晶界强化

晶界强化是指由于晶粒细化引起的强化，可用 Hall – Petch 公式表示[55]：

$$\sigma_y = \sigma_0 + kd^{-1/2} \qquad (1-1)$$

其中，σ_0 为纯铝强度，d 为平均（亚）晶粒直径，k 为表征滑过晶界难易程度系数，不同合金 k 值不同。

1.2.3.2　固溶强化

固溶强化是指合金基体内的溶质原子阻碍位错运动，及溶质原子溶入基体后引入缺陷从而提高合金强度。根据 Shercliff 报道[56]，合金固溶强度可表示为：

$$\sigma_{ss} = \alpha \, \overline{C}^{2/3} \qquad (1-2)$$

其中，α 为常数，$\overline{C}$ 为基体中平均溶质原子浓度。

1.2.3.3　位错强化

加工变形引起位错密度的增加，从而提高合金强度，位错对合金强度的影响可表示为[57]：

$$\sigma_d = \alpha MGb\rho^{1/2} \qquad (1-3)$$

其中，α 近似为 0.33，M 为 Taylor 因子，b 为柏氏矢量，ρ 为位错密度，G 为纯铝剪切模量。

1.2.3.4　析出强化

对于不含钪锆的 Al – Zn – Mg 合金而言，其析出强化主要是指时效析出相对合金强度的影响。析出相强化包含奥罗万(Orowan)强化、化学强化、共格强化、模量强化、有序强化、派 – 纳力强化和堆垛层错强化。在实际过程中，往往以一种强化机制为主。Al – Zn – Mg 合金在不同的时效时期，其主要强化机制是不一样的。在欠时效或峰时效时期，时效相与基体共格且尺寸小，位错以切过方式同时效相发生交互作用。过时效后，析出相粗化，失去共格关系，位错则以绕过方式通过粒子，即奥罗万强化机制[58, 59]。

对于钪锆微合金化 Al – Zn – Mg 合金而言，除了要考虑时效析出相引起的强化外，还需考虑 $Al_3(Sc, Zr)$ 粒子引起的析出强化。$Al_3(Sc, Zr)$ 粒子尺寸变化时，析出强化机制也相应发生转变，如图 1 – 11 所示[60]。当 $Al_3(Sc, Zr)$ 粒子半径小于 2 nm 时，其强化机制主要为切过强化，由切过强化机制转变为奥罗万绕过机制 $Al_3(Sc, Zr)$ 粒子的转变尺寸为 4 ~ 6 nm。

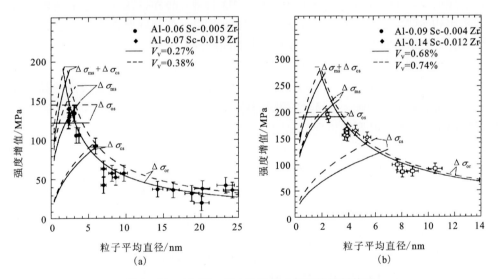

图 1 – 11　$Al_3(Sc, Zr)$ 粒子尺寸与强化机制关系
(a) Al – 0.06Sc – 0.005Zr 和 Al – 0.07Sc – 0.019Zr 合金；
(b) Al – 0.09Sc – 0.04Zr 和 Al – 0.14Sc – 0.012Zr 合金[59]

1.3 铝合金应用性能

1.3.1 腐蚀性能

金属材料由于受到介质的作用而发生状态的变化,转变成新相,从而遭到破坏,称为金属腐蚀,或简称腐蚀。自 20 世纪 50 年代以后,腐蚀的定义已扩大至所有材料,不单指金属的腐蚀,还包括非金属的腐蚀[61]。

铝合金的耐蚀性与合金显微组织密切相关,包括合金内的第二相、晶界相、无沉淀析出带等。铝合金中的主要腐蚀形式有:孔(点)蚀、晶间腐蚀、应力腐蚀、剥落腐蚀。

一般地,铝合金的孔蚀可分为以下几个阶段[62]:①活性阴离子吸附于铝表面氧化膜上;②氧化铝或氢氧化铝离子与吸附的阴离子交换;③氧化膜溶解减薄;④阴离子进入暴露的金属基体内[63]。

晶间腐蚀的发生是由于晶界与基体存在物理化学及能量状态差异,容易形成局部微电池,从而促进金属、晶界或析出相溶解,形成晶间腐蚀。关于晶间腐蚀的解释很多,且没有定论。对于 Al – Zn – Mg 合金,晶界存在连续或不连续的时效析出相 $\eta(MgZn_2)$,该相相对基体为阳极,因此,在晶间腐蚀介质中会发生溶解,从而使晶界成为阳极通道,金属发生晶间腐蚀。

剥落腐蚀是晶间腐蚀的一种[64, 65],在一定的腐蚀介质中,剥蚀开始于金属表面,并沿平行于表面的晶间方向横向发展。腐蚀产物在平行于金属表面的晶间堆积,使该区域体积膨胀,撑起上面没有腐蚀的金属,引起分层剥落。剥落腐蚀是晶间腐蚀的一种,其腐蚀机理和晶间腐蚀相同。

金属在腐蚀环境下受力作用而发生的失效断裂,称之为应力腐蚀断裂。不同受力状态下合金的应力腐蚀性能不同,压应力可抑制合金腐蚀,拉应力则加速腐蚀。应力腐蚀的机理很复杂,迄今为止没有定论,一般认为[66],应力腐蚀的产生和发展包括:金属表面生成钝化膜或保护膜;膜局部破裂;裂缝内腐蚀。根据应力腐蚀发生的条件,可采取以下方式抑制或减轻应力腐蚀:对金属表面进行电化学镀层保护;采用合适的热处理制度消除和改善合金内残余应力状态;设计时选用的载荷值应低于应力腐蚀临界值。对于工业 Al – Zn – Mg 合金,主要存在 $T(Al_2Mg_3Zn_3)$ 或 $\eta(MgZn_2)$ 强化相。时效制度对 Al – Zn – Mg 合金应力腐蚀性能影响较大。欠时效状态下合金的抗应力腐蚀性能最差,过时效则可提高合金的应力腐蚀抗力。这主要是因为,欠时效下合金的晶界时效相连续细小,容易形成应力腐蚀通道,而过时效状态下合金的晶界时效相变得粗大不连续,腐蚀通道弱化,合金应力腐蚀性能提高。评价合金应力腐蚀方法主要包括:恒应力法、恒应变法[67-69]、慢应变速率[70]、电子显微镜辅助分析[71]、差热分析[72,73]、电导率[74]和电化学测试方法。

1.3.2　焊接性能

目前，铝合金的焊接工艺主要为熔化焊和搅拌摩擦焊。铝合金熔化焊主要包括钨极气体保护焊和熔化极惰性气体保护焊。此外，1991 年英国焊接研究院发明了一种固态连接新技术，搅拌摩擦焊。该技术优质高效的焊接质量吸引了全世界各国的研究兴趣，短短的几十年就得到了广泛应用和推广。

对于熔化焊接技术，填充焊丝的成分与焊接接头性能密切相关，因此焊丝的选择显得尤为关键。焊接过程中，填料中的主要合金化元素如 Mg 和 Zn 比 Si 和 Cu 更容易损耗。因此，一般采用合金元素含量比基体金属略高的填加金属，同时添加少量的 Sc、Zr 和 Ti 元素细化焊缝组织[75,76]。

研究表明，钪添加可大幅度提高铝合金焊接接头的力学性能及降低铝合金的热裂纹敏感系数。早在 20 世纪 70 年代，苏联材料研究者在 1420 铝合金内添加 0.1% ~ 0.2%Sc 来提高该合金强度和可焊性，研制了牌号为 1421 和 1423 的两种新型铝合金。此后，通过添加 0.05% ~ 0.14%Sc 到可焊 1460 合金，显著提高了焊接性能。全俄航空材料研究所的材料工作者发现，在 Al - 6.3%Mg 合金中，随着钪含量的增加，板材焊接时抗热裂纹稳定性线性增加。显微分析观察表明，这是因为钪在铝基体中形成 Al_3Sc 高强度金属间化合物粒子，该粒子可有效地阻止位错的移动及晶粒长大，抑制再结晶，提高焊接接头性能。此外，使用含钪铝合金焊丝也可大量提高合金焊接性能。美国用含钪的 5xxx 系铝合金焊丝焊接 7xxx 系铝合金时发现，焊接接头屈服强度有明显提高；焊接 2618 铝合金时，使用含钪的 2xxx 系铝合金焊丝比不含钪的 2xxx 系铝合金焊丝，焊接强度有明显提高[77,78]。

1.3.3　超塑性能

目前国内外对铝合金超塑研究可分三个方面：一是通过微合金化开发出新型超塑铝合金；二是通过工艺方法找到改善合金超塑性途径；三是超塑变形机理研究。

在微合金化开发新型超塑铝合金方面，俄罗斯文献[79]和我们的前期研究表明[80-83]，添加微量钪锆的 Al - Mg 和 Al - Zn - Mg 合金板材，其超细晶粒结构使其在无需进行复杂加工的条件下能表现出优良的超塑性。文献表明[84-86]，在传统的轧制条件下，钪锆微合金化的 Al - Mg - Sc 和 Al - Zn - Mg - Sc 合金板材沿轧制方向的最高伸长率可达到 1400% 和 1300%

在通过工艺方法改善超塑性途径方面，主要考虑从优化变形温度、优化变形速率和改变变形方式三个方面来进一步提高合金的超塑性。前两者研究总体趋势朝低温高速超塑方向发展，后者主要包括改变材料加工方式，如热 - 力变形[87]、等径角挤压[88]、高压扭转[89]、多轴交替锻造[90]、累积叠轧[91]和摩擦搅拌技术（FSP）[92]等。目前报道较多的是摩擦搅拌和等径角挤压技术，摩擦搅拌技术通过强变形使摩擦搅拌区域获得超细等轴晶，搅拌区域内超塑性能显著提高，等径角挤压技术也可使材料获得超细晶(晶粒尺寸 <1 μm)，可提高合金超塑性，但其工艺路线复杂，生产效率较低。

在超塑变形机理研究方面，超塑变形机制主要有扩散蠕变理论[93]、晶界滑动理论[94]，动态再结晶理论[95]和复合机制[96]等。针对铝钪合金表现的超塑机理解释，现存文献归因于钪锆在铝基体中形成的 $Al_3(Sc,Zr)$ 粒子在超塑变形过程中强烈抑制再结晶发生，稳定细晶结构作用。然而，钪锆添加对铝合金超塑变形的贡献仍待深入研究。

1.4　当前需要研究的内容

Al - Zn - Mg 合金具有比强度高、可焊性好及耐腐蚀性能优良等特点，被广泛应用于各类飞机构件和其他要求强度高的焊接结构件，是航天航空及交通运输工具中不可或缺的重要结构材料。然而，随着航天航空技术的发展，对材料综合性能的要求越来越高，需要强度更高、加工性能更好、焊接性能和耐蚀性能更为优良的铝合金。

本工作是国家预研项目和民生配套项目的一部分，旨在通过钪锆复合微合金化技术和材料制备工艺优化，研制出满足航天用户要求的高性能铝锌镁钪锆合金。在此基础上，全面深入探讨钪锆复合微合金化对 Al - Zn - Mg 合金强度、热变形、再结晶机制、成品板材各向异性、腐蚀性能、焊接性能和超塑性能影响机理，为我国研制高强可焊耐蚀高超塑性 Al - Zn - Mg 合金提供理论和实验依据。

合金成品板材制备工艺优化路线如图 1 - 12所示。

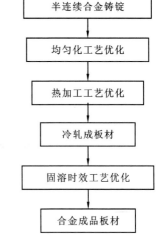

图 1 - 12　合金板材制备工艺优化路线

工作研究内容包括以下几个方面：
(1)铸锭均匀化处理工艺优化和组织性能演变；
(2)均匀化铸锭热加工过程中的组织性能演变；

（3）钪锆微合金化对冷轧板材再结晶作用机理；

（4）固溶－时效工艺优化和钪锆微合金化强化机理；

（5）钪锆微合金化对成品板材各向异性作用机理；

（6）钪锆微合金化及时效处理对成品板材腐蚀行为的影响；

（7）钪锆微合金化对成品板材焊接性能和接头组织影响；

（8）钪锆微合金化在 Al－Zn－Mg 板材超塑变形中的作用。

参考文献

[1] J. Royset, N. Ryum. Scandiumin aluminium alloys[J]. International Material Reviews, 2005, 50(1): 19–44.

[2] 林肇琦, 马宏声, 赵刚. 铝－钪合金的发展概况(一)[J]. 轻金属, 1992, (1): 54–58.

[3] 林肇琦, 马宏声, 赵刚. 铝－钪合金的发展概况(二)[J]. 轻金属, 1992, (2): 53–60.

[4] A. Lowell. Aliminum scandium alloy. US Patent NQ 3619181, Nov. 9, 1971.

[5] 刘余九. 化工百科全书—冶金和金属材料卷[M]. 北京: 化工出版社, 2001.

[6] 王祝堂, 田荣璋. 铝合金及其加工手册[M]. 长沙: 中南大学出版社, 2004.

[7] 邓至谦, 周善初. 金属材料及热处理[M]. 长沙: 中南工业大学出版社, 1989.

[8] 《有色金属及其热处理》编写组. 有色金属及其热处理[M]. 北京: 国防工业出版社, 1981.

[9] 田荣璋. 金属热处理[M]. 北京: 冶金工业出版社, 1985.

[10] Y. A. Filatov, V. l. Yelagin, V. V. Zakharov. New Al－Mg－Sc alloys [J]. Materials Science and Engineering A , 2000, 280: 97–101.

[11] S. Lathabai, P. G. Lloyd. Theeffects of scandium on the microstructure and mechanical properties and weldability of a cast Al－Mg alloy [J]. Acta Materialia, 2002, 50: 4275–4292.

[12] 柏振海, 赵楠. Sc 对 Al－Mg 合金组织和性能的影响[J]. 铝加工, 2002, (02): 17–22

[13] 潘青林, 尹志民, 邹景霞, 等. 微量 Sc 在 Al－Mg 合金中的作用[J]. 金属学报, 2001, (07): 749–753.

[14] K. L. Kendig, D. B. Miracle. Strengthening mechanisms of an Al－Mg－Sc－Zr alloy[J]. Acta Materialia, 2002, 50: 4165–4175.

[15] Scandium and Prospects of its use, Proceedings of International Conference, Moscow, Russia, Oct. 18–19, 1994.

[16] V. G. Davydov, V. I. Elagin, V. V. Zakharov, et al. Alloying aluminum alloys with scandium and zirconium additives[J]. Metal Science and Heat Treatment, 1996, 38(7–8): 347–352.

[17] 李广汉, 尹志民. 钪的发展动态和发展战略[J]. 稀有金属与硬质合金, 1996, 3: 47–51.

[18] 张明杰, 梁家晓. 铝钪合金的性质及生产[J]. 材料与冶金学报. 2002, 6(1): 110–114.

[19] J. Royset, N. Ryum. Scandiumin aluminium alloys[J]. International Material Reviews, 2005,

50(1)：19 - 44.

[20] 李汉广，尹志民，等. 含钪铝合金的开发应用前景[J]. 铝加工，1996，(1)：45 - 48.

[21] V. G. Davydov, T. D. Rostova, V. V. Zakharov, et al. Scientific principles of making an alloying addition of scandium to aluminium alloys[J]. Materials Science and Engineering A, 2000, 280：30 - 36.

[22] P. W. Voorhees. Scandium overtakes zirconium[J]. Nature Materials, 2006, 5：435 - 436.

[23] K. E. Knipling, R. A. Karnesky, C. P. Lee, D. C. Dunand, D. N. Seidman. Precipitation evolution in Al - 0. 1Sc, Al - 0. 1Zr and Al - 0. 1Sc - 0. 1Zr（at. %）alloys during isochronal aging[J]. Acta Materialia, 2010, 58：5184 - 5195.

[24] L. S. Toropova, T. V. Dobatkina, M. L. Kharakterova. Phase equilibriums in aluminium - silicon - scandium alloys[M]. Metal Science of Light Alloys, VILS, Moscow, 1985.

[25] G. Sha, A. Cerezo. Early - stage precipitation in Al - Zn - Mg - Cu alloy（7050）[J]. Acta Materialia, 2004, 52(15)：4503 - 4516.

[26] Z. W. Du, Z. M. Sun, B. L. Shao, et al. Quantitative evaluation of precipitates in an Al - Zn - Mg - Cu alloy after isothermal aging[J]. Materials Characterzation, 2006, 56(2)：121 - 128.

[27] R. Ferragut, A. Somaza, A. Tolley. Microstructural evolution of 7012 alloy during the early stages of artificial aging[J]. Acta Materialia, 1999, 47(17)：4355 - 4364.

[28] L. K. Berg, J. GjØnnes, V. Hansen, et al. GP - zones in Al - Zn - Mg alloys and their role in artificial aging[J]. Acta Materialia, 2001, 49(17)：3443 - 3451.

[29] A. Deschamps, F. Livet, Y. Bréchet. Influence of predeformation on ageing in an Al - Zn - Mg alloy：I. Microstructure evolution and mechanical properties[J]. Acta Materialia, 1998, 47(1)：281 - 292.

[30] X. Z Li, V. Hansen, J. GjØnnes, et al. HREM study and structure modeling of the η' phase, the hardening precipitates in commercial Al - Zn - Mg alloys[J]. Acta Materialia, 1999, 47(9)：2651 - 2659.

[31] J. K. Park, A. J. Ardell. Microstructures of the commercial 7075 Al alloy in the T651 and T7 tempers[J]. Metalurgical and Materials Transactions A：Phisical Metallurgy and Materials Science, 1983, 14：1957 - 1965.

[32] 樊喜刚. Al - Zn - Mg - Cu - Zr 合金组织性能和断裂行为的研究[D]. 哈尔滨：哈尔滨工业大学，2007.

[33] J. Lendvai, G. Honyek, I. Kovács. Dissolution of second phases in an Al - Zn - Mg alloy investigated by calorimetric method[J]. Scripta Meterialia, 1979, 13(7)：593 - 594.

[34] N. Ryum. Precipitation kinetics in an Al - Zn - Mg alloy[J]. Zeitschrift fur Metallkunde, 1975, 66(6)：339 - 343.

[35] W. Lacom, H. P. Desgischer, A. Zahra, et al. Decomposition processes in an Al - 5% Zn - 1% Mg alloy. Part III：Reversion of GP - zones[J]. Zeitschrift fur Metallkunde, 1982, 72(12)：781 - 785.

[36] 李海. Ag、Sc 合金化及热处理工艺对 7055 铝合金的微观组织与性能影响研究[D]. 长沙：

中南大学 . 2005.

[37] S. K. Maloney, K. Hono, I. J. Polmear, et al. The chemistry of precipitates in an aged Al – 2. 1Zn – 1. 7Mg at. % alloy[J]. Scripta Meterialia, 1999, 41(10): 1031 – 1038.

[38] G. Sha, A. Cerezo. Characterization of precipitates in an aged 7xxx series Al alloys[J]. Surface Science, 2004, 36(5 –6): 564 –568.

[39] 王涛, 尹志民. 高强变形铝合金的研究现状和发展趋势[J]. 稀有金属 . 2006, 30(2): 197 –202.

[40] H. Schmalzried, V. Gerold. Age – hardening in an Al – Mg – Zn alloy[J]. Zeitschrift fur Metallkunde, 1958, 49: 291 –301.

[41] H. Löffler, I. Kovács, J. Lendvai. Decomposition processes in Al – Zn – Mg alloys[J]. Journal of Materials Science, 1983, 18: 2215 –2240.

[42] K. Stiller, P. J. Warren, V. Hansen, et al. Investigation of precipitation in an Al – Zn – Mg alloy after two – step ageing treatment at 100°and 150°C[J]. Materials Science and Engineering A , 1999, 270(1): 55 –63.

[43] A. K. Mukhopadhyay. Guinier – Preston zones in a high – purity Al – Zn – Mg alloy[J]. Philosophical Magazine Letters, 1994, 70(3): 135 –140.

[44] O. Blaschko, G. Ernst, P. Fratzl, et al. A neutron scattering investigation of the early stages of Guinier – Preston zone formation in Al – Zn – Mg – (Cu)alloys[J]. Acta Materialia, 1982, 30 (2): 547 –552.

[45] T. Ungar. The formation of Guinier – Preston zones in the Al – 4. 8wt% Zn – 1. 2wt% Mg alloy studied by X – ray small scattering[J]. Zeitschrift fur Metallkunde, 1979, 70(11): 739 –745.

[46] J. Lendvai. Precipitation and strengthening in aluminum alloys[J]. Materials Science Forum, 1996, 217 –222: 43 –56.

[47] J. H. Auld, S. Cousland. The structure of the metastableη' phase in aluminum – zinc – magnesium alloys[J]. Journal of Australia Institute Metals, 1974, 19: 194 ~201.

[48] P. J. Warren, C. R. M. Grovenor, J. S. Crompton. Field – ion microscope/atom – probe analysis of the effect of RRA heat treatment on the matrix strengthening precipitates in alloy Al – 7150 [J]. Surface Science, 1992, 266(1 –3): 342 –349.

[49] J. GjØnnes, C. H. R. J. Simensen. An electron microscope investigation of the microstructure in an aluminum – zinc – magnesium alloy[J]. Acta Materialia, 1970, 18(8): 881 ~890.

[50] S. S. Brenner, J. Kowalik, M. J. Hua. FIM/atom probe analysis of a heat treated 7150 aluminum alloy[J]. Surface Science, 1991, 246(1 –3): 210 –217.

[51] A. Deschamps, A. Bigot, F. Livet, et al. A comparative study of precipitate composition and volume fraction in an Al – Zn – Mg alloy using tomographic atom probe and small angle X – ray scattering[J]. Philosophical Magazine Letters, 2001, 81(10): 2391 –2414.

[52] S. P. Ringer, K. Hono. Microstructural evolution and age hardening in aluminum alloys: atom probe field – ion microscopy and transmission electron microscopy studies [J]. Materials Characterization, 2004, 44(1): 101 –131.

[53] H. P. Degisher, W. Lacom, A. Zahra, et al. Decomposition processes in an Al – 5% Zn – 1% Mg alloy. Part II: Electro microscopic investigations[J]. Zeitschrift fur Metallkunde, 1980, 71: 231 – 238.

[54] A. Deschamps, Y. Bréchet. On the influence of dislocations on precipitation in an Al – Zn – Mg alloy[J]. Zeitschrift fur Metallkunde, 1997, 88: 601 – 606.

[55] S. Sprianno, R. Doglione, M. Baricco. Texture, hardening and mechanical anisotropy in AA 8090 – T851 plate[J]. Materials Science and Engineering A, 1998, 257(1): 134 – 138.

[56] H. R. Shercliff, M. F. Ashby. A process model for age hardening of aluminum alloys – I. The model[J]. Acta Metallurgica et Materialia, 1990, 38: 1789 – 1802.

[57] M. J. Starink, P. Wang, I. Sinclair, et al. Microstructure and strengthening of Al – Li – Cu – Mg alloys and MMCS: II. Modeling of yield strength [J]. Acta Materialia, 1999, 47 (14): 3855 – 3868.

[58] 刘刚. 含多尺度第二相时效铝合金力学性能的模型化与实验研究[D]. 西安: 西安交通大学, 2002.

[59] E. Orowan. Discussion on internal stresses. Symposium on Internal Stress in Metals and Alloys [J]. Session III Discussion, Institute of Metals, London, England, 1948: 451 – 453.

[60] O. N. Senkov, M. R. Shagiev, S. V. Senkova, et al. Precipitation of Al3(Sc, Zr) particles in an Al – Zn – Mg – Cu – Sc – zr alloy during conventional solution heat treatment and its effect on tensile properties[J]. Acta Materialia, 2008, 56: 3723 – 3738.

[61] 曹楚南. 腐蚀电化学[M]. 北京: 化学工业出版社, 1994.

[62] R. T. Foley. Localized corrosion of aluminum alloys – A review[J]. Corrosion, 1986, 42(5): 277 – 288.

[63] 赵麦群, 雷阿丽. 金属的腐蚀与防护[M]. 北京: 国防工业出版社, 2002.

[64] 何建平, 陈文理, 许玮, 等. 恒温剥蚀对 LC4CS 铝合金结构和力学性能的影响[J]. 南京航空航天大学学报, 1999, 31(5): 575 – 579.

[65] 贺斌, 孙有朝, 樊蔚勋. 剥蚀对铝合金疲劳性能的影响[J]. 南京航空航天大学学报, 1998, 30(3): 306 – 310.

[66] 朱祖芳. 有色金属的耐腐蚀性及其应用[M]. 北京: 化学工业出版社, 1995.

[67] 吴荫顺, 方智, 何积锉. 腐蚀试验方法与防腐蚀检测技术[M]. 北京: 化学工业出版社, 1996.

[68] G. Deshais, S. B. Nneweomb. The influence of microstructure on the formation of stress corrosion cracks in 7xxx series aluminum alloys[J]. Materials Science Forum, 2000, 331 – 337: 1635 – 1640.

[69] W. T Tsai, J. B. Duh, J. J. Yeh, et al. Effect of PH on stress corrosion cracking of 7050 – T7451 aluminum alloy in 3.5% NaCI solution[J]. Corrosion 1990, 46(5): 444 – 449.

[70] R. Braun. Slow strain rate testing of aluminum alloy 7050 in different tempers using various synthctic environments[J]. Corrosion, 1997, 53(3): 467 – 474.

[71] Y. D. Rangu, B. Bayle, R. Dif, et al. Hydrogen effects during SCC propagation of Al – Mg in

30g/L NaCl solutions[J]. Materials Science Forum, 2000, 331 –337: 1659 –1664.

[72] X. M. Li, M. J. Starink. Analysis of Precipitation and dissolution in over aged 7xxx aluminum alloys using DSC[J]. Materials Science Forum, 2000, 331 –337: 1071 –1076.

[73] G. Roniino, S. Abis, P. Mengucci. DSC investigation of natural ageing in high copper AlCuMg alloys[J]. Materials Science Forum, 2000, 331 –337: 1025 –1030.

[74] J. S. Robinson, R. L. Cudd. Electric conductivity variations in X2096, 8090, 7010 and an experimental aluminun lithium alloy [J]. Materials Science Forum, 2000, 331 – 337: 971 –976.

[75] 水野政夫等著. 许慧姿等译. 铝及其合金的焊接[M]. 北京: 冶金工业出版社, 1985.

[76] 周振丰, 张文钺. 焊接冶金与金属焊接性[M]. 北京: 机械工业出版社, 1998.

[77] L. L. Rokhlin, T. V. Dobatkina, N. R. Bochvar, et al. Investigation of phase equilibria in alloys of the Al – Zn – Mg – Cu – Zr – Sc system[J]. Journal of Alloys andCompounds, 2004, 367: 10 –16.

[78] Y. D. Xiao, L. J. Huang, W. X. Li. Effect of scandium on microstructures and tensile properties of 7005 alloy[J]. Chinese Journal of Rare Metals, 1999, 23 (2): 113 –116.

[79] Y. A. Filatov, V. l. Yelagin, V. V. Zakharov. New Al – Mg – Sc alloys[J]. Materials Science and Engineering A , 2000, 280: 97 –101.

[80] 尹志民, 潘清林, 姜锋, 等. 钪和含钪合金[M]. 长沙: 中南大学出版社, 2007.

[81] Y. Y. Peng, Z. M. Yin, B. Nie, et al, Effect of minor Sc and Zr on superplasticity of Al – Mg – Mn alloys[J]. Transactions of Nonferrous Metals Socienty of China, 2007, 17: 744 –750.

[82] 尹志民, 邓英, 赵凯, 段佳琦, 唐蓓, 何振波, 彭勇宜, 姜锋, 潘清林. 高强高韧铝锌镁钪合金板材制备及其组织性能演变[J]. 中国有色金属学报(特邀稿), 2011, 21(10): 2616 –2630.

[83] Y. Deng, Z. M. Yin, K. Zhao, et al, Effects of Sc and Zr microalloying additions on the microstructure and mechanical properties of new Al – Zn – Mg alloys[J]. Journal of Alloys and Compounds, 2012, 530, 71 –80.

[84] V. G. Davydov, V. I. Elagin, V. V. Zakharov, et al. Alloying aluminum alloys with scandium and zirconium additives[J]. Metal Science and Heat Treatment, 1996, 38(7 –8): 347 –352.

[85] Дискии А. М., Алалыкин А. А.. 李汉广译. Al – Zn – Mg – Zr – Sc 系合金的超塑性, 钪合金译文集(二): 22 –25, 2003.

[86] Перевезенцев В. И., Чувильде. В. Н., Копылов В. И. 李汉广译. Al – Zn – Mg – Zr – Sc 系合金的高速超塑性, 含钪合金译文集(三): 27 –35, 2004.

[87] I. C. Hsiao, J. C. Huang, Development of low temperature superplasticity in commercial 5083 Al – Mg alloys[J]. Scripta Materialia, 1999, 40(6): 697 –703.

[88] R. Z. Valiev, T. G. Langdon, Principles of equal – channel angular pressing a processing tool for grain refinement[J]. Progress in Materials Science, 2006, 51: 881 –981.

[89] M. Kai, Z. Horita, T. G. Langdon, Developing grain refinement and superplasticity in a magnesium alloy processed by high – pressure torsion[J]. Materials Science and Engineering A,

2008, 488: 117 – 124.

[90] M. Noda, M. Hirohashi, K. Funami, Low Temperature Superplasticity and Its Deformation Mechanism in Grain Refinement of Al – Mg Alloy by Multi – Axial Alternative Forging[J]. Materials Transactions, 2003, 44(11): 2288 – 2297.

[91] Q. F. Wang, X. P. Xiao, J. Hua, et al. An Ultrafine – Grained AZ31 Magnesium Alloy Sheet With Enhanced Superplasticity Prepared by Accumulative Roll Bonding[J]. Journal of Iron and Steel Research, International, 2007, 14(5): 167 – 172.

[92] L. B. Johannes, I. Charit, R. S. Mishra, et al. Enhanced superplasticity through friction stir processing in continuous cast AA5083 aluminum[J]. Materials Science and Engineering A, 2007, 464: 351 – 357.

[93] K. Sotoudeh, P. S. Bate, Diffusion creep and superplasticity in aluminium alloys[J]. Acta Materialia, 2010, 58: 1909 – 1920.

[94] T. G. Langdon, An evaluation of the strain contributed by grain boundary sliding in superplasticity[J]. Materials Science and Engineering: A, 1994, 174(2): 225 – 230.

[95] S. Katsas, R. Dashwood, R. Grimes, et al. Dynamic recrystallisation and superplasticity in pure aluminium with zirconium addition[J]. Materials Science and Engineering A, 2007, 444: 291 – 297.

[96] H. Watanabe, T. Mukai, M. Kohzu, et al. Effect of temperature and grain size on the dominant diffusion process for superplastic flow in an AZ61 magnesium alloy [J], Acta Materialia, 1999, 47(14): 3753 – 3758.

第 2 章　铸锭均匀化处理过程中的
组织性能演变

本工作设计了三种 Al－Zn－Mg 合金用于对比研究，其名义成分如下：Al－5.60Zn－1.90Mg－0.35Cu（0Sc＋0Zr，无钪），Al－5.35Zn－1.90Mg－0.25Cu－0.10Sc－0.10Zr（0.10Sc＋0.10Zr，低钪）和 Al－5.60Zn－1.90Mg－0.35Cu－0.25Sc－0.10Zr（0.25Sc＋0.10Zr，高钪）（质量分数，％）。成分设计后，在东北轻合金有限公司进行熔炼，采用半连续方法铸造。

在半连续铸造激冷条件下，因熔体冷却速度快，凝固后组织化学成分和组织不均匀，残余应力较大，必须通过均匀化热处理消除或降低残余应力，改善合金的后续冷热加工性能。本研究中，铸锭均匀化处理温度上限通过铸锭 DSC 结果选定。均匀化处理样品从铸锭上用线切割截取，尺寸为 25 mm×25 mm×6 mm，均匀化处理温度为 200℃、250℃、300℃、350℃、400℃、450℃、470℃，保温时间为 1 h、2 h、4 h、6 h、8 h、12 h、16 h、20 h、24 h。均匀化处理在盐浴中进行，盐浴的组成为 50％硝酸钠＋50％硝酸钾，盐浴控温精度为 ±1℃。为了保留均匀化处理状态下的组织和性能，均匀化处理后快速水冷。对不同均匀化处理状态下的合金铸锭进行硬度和电导率测试及显微组织观察，优化出最佳均匀化热处理工艺。针对钪锆微合金化合金，特制定双级均匀化工艺，一级均匀化目的为析出大量细小弥散的 $Al_3(Sc, Zr)$ 二次粒子，二级均匀化目的为消除非平衡相。

2.1　铸态合金显微组织特点

2.1.1　扫描电子显微组织

三种铸态合金显微组织如图 2－1 所示，其相应的能谱分析见表 2－1。由图 2－1(a)～图 2－1(c)可知，三种合金铸锭均存在严重的晶界偏析，且三种合金偏析程度基本相同，均需通过均匀化退火进行消除。经放大观察可以看出[图 2－1(d)～图 2－1(f)]，三种合金的偏析相均由白色相和灰色相构成。经能谱分析表明，白色相均为富 Zn、Mg 的铝化物[图 2－1(d)B，图 2－1(e)D 和图 2－1(f)F]，灰色相均为富 Fe、Si、Mn 的杂质相[图 2－1(d)C，图 2－1(e)E 和图 2－1(f)G]。除此之外，在高钪合金中可观察到微米级的初生 $Al_3(Sc, Zr)$ 粒子[图 2－1(c)A]。

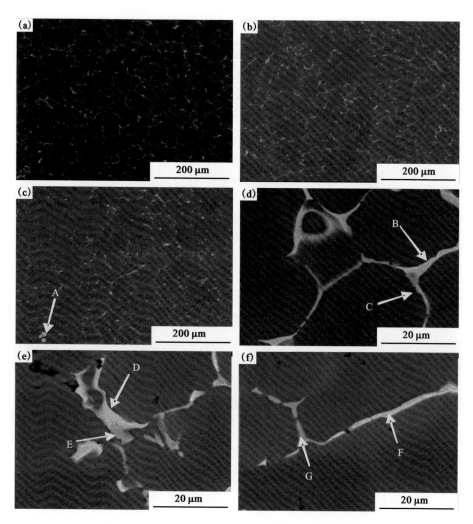

图 2 - 1　Al - Zn - Mg 铸态合金扫描电子显微分析
低倍：(a)无钪合金；(b)低钪合金；(c)高钪合金；
高倍：(d)无钪合金；(e)低钪合金；(f)高钪合金

表 2 - 1　图 2 - 1 中二次相对应的化学成分(原子百分比/%)

相	Al	Zn	Mg	Cu	Fe	Si	Mn	Sc	Zr	Ti
A	76.46	1.83	0	0	0	0	0	11.61	8.73	1.38
B	65.69	13.94	16.72	3.76	0	0	0	0	0	0
C	78.77	1.64	2.01	0.84	8.86	3.96	3.93	0	0	0

续表 2 - 1

相	Al	Zn	Mg	Cu	Fe	Si	Mn	Sc	Zr	Ti
D	59.46	17.27	20.62	2.65	0	0	0	0	0	0
E	79.83	1.50	1.29	0.66	11.18	3.81	1.73	0	0	0
F	68.20	13.07	15.65	3.09	0	0	0	0	0	0
G	83.04	1.42	1.92	0.63	7.49	3.61	1.90	0	0	0

2.1.2　DSC 分析

　　铸态合金 DSC 分析结果如图 2 - 2 所示，由图可知，三种铸态合金内均只存在一个非平衡相熔化峰，且熔化峰的温度均约 478℃，因此为了避免合金过烧，三种合金铸锭的最高均匀化热处理温度均不应超过此温度。

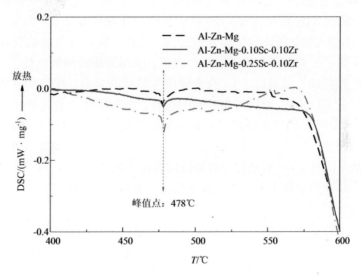

图 2 - 2　三种研究合金的 DSC 曲线

2.2　均匀化处理对铸态合金性能组织影响

2.2.1　硬度和电导率

　　不同均匀化热处理工艺下，三种铸态合金硬度变化规律如图 2 - 3（a）~

图 2 – 3(c)所示,其中均匀化时间为 0 的点表示未经均匀化处理的铸态合金。结果表明,均匀化过程中铸态合金硬度呈现规律性的变化:首先,随均匀化温度的升高,合金硬度逐渐升高,当均匀化温度达到 400℃时,继续升高均匀化温度,Al – Zn – Mg 合金硬度基本保持不变,而对于两种 Al – Zn – Mg – Sc – Zr 合金,其硬度值逐渐降低;其次,在较低温度下均匀化处理(对于 Al – Zn – Mg 合金为350℃以下,对于 Al – Zn – Mg – Sc – Zr 合金为 300℃以下)合金硬度低于铸态合金,且随均匀化时间的延长硬度逐渐降低;在较高温度下均匀化处理(对于Al – Zn – Mg合金为 350℃以上,对于 Al – Zn – Mg – Sc – Zr 合金为 300℃以上),合金硬度高于铸态合金硬度,且随均匀化时间的延长硬度逐渐升高;此外,在所有均匀化温度下,合金在均匀化处理 12 h 后,继续延长均匀化时间合金硬度基本保持不变。

对于添加微量钪锆的 Al – Zn – Mg 合金而言,在均匀化过程中还析出二次 $Al_3(Sc, Zr)$ 粒子。在相同均匀化工艺下,Al – Zn – Mg – Sc – Zr 合金硬度与 Al – Zn – Mg合金硬度差值即为 $Al_3(Sc, Zr)$ 粒子在均匀化过程中引起的析出硬化。不同均匀化工艺下 $Al_3(Sc, Zr)$ 粒子析出硬化规律如图 2 – 3(d)~图 2 – 3(e)所示。由图可知,随均匀化温度的升高,两种含钪合金与无钪合金硬度差值先上升后下降,在 300~350℃下达到最大值;随均匀化时间的延长,在较低温度下均匀化处理(350℃及其以下),合金硬度差值逐渐升高,在较高温度下均匀化处理(400℃及其以上),随均匀化时间的延长,合金硬度差值先快速上升后逐渐下降;经350℃/8 h 均匀化处理,在两种含钪合金内,$Al_3(Sc, Zr)$ 粒子均可起到最佳的析出硬化作用。因此对于钪锆微合金化铝锌镁合金,选用350℃/8 h 作为析出次生的 $Al_3(Sc, Zr)$ 纳米粒子的最佳均匀化工艺。

不同均匀化热处理工艺下,铸态合金电导率变化规律如图2 – 4 所示,其中均匀化时间为 0 的点表示未经均匀化处理的铸态合金。结果表明,三种研究合金随均匀化工艺变化呈现相同的变化规律:首先,随均匀化温度的升高,合金电导率逐渐降低;其次,随均匀化时间的延长,在较低温度下均匀化处理(350℃及其以下),合金电导率逐渐升高,在较高温度下均匀化处理(400℃及其以上),随均匀化时间的延长,合金电导率逐渐降低;此外,在不同均匀化温度下,均匀化处理12 h 后合金电导率基本保持不变。

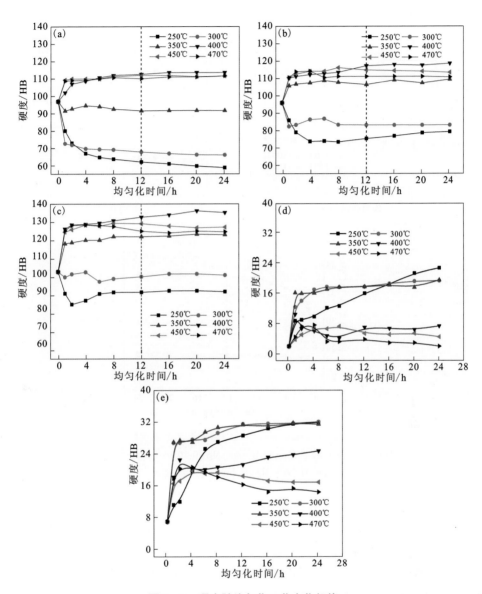

图 2 - 3　硬度随均匀化工艺变化规律

（a）Al - Zn - Mg；（b）Al - Zn - Mg - 0.10Sc - 0.10Zr；（c）Al - Zn - Mg - 0.25Sc - 0.10Zr；（d）Al - Zn - Mg - 0.10Sc - 0.10Zr 与 Al - Zn - Mg 硬度差值；（e）Al - Zn - Mg - 0.25Sc - 0.10Zr 与 Al - Zn - Mg 硬度差值

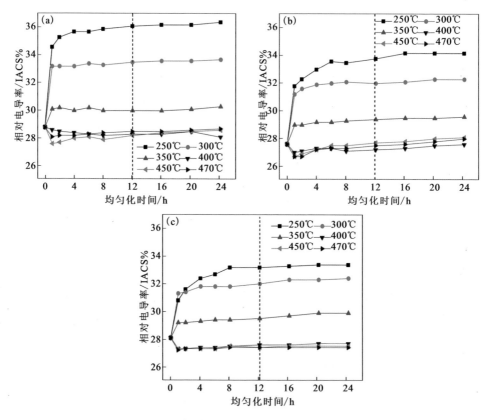

图 2-4　相对电导率随均匀化工艺变化规律

(a) Al-Zn-Mg 合金；(b) Al-Zn-Mg-0.10Sc-0.10Zr 合金；

(c) Al-Zn-Mg-0.25Sc-0.10Zr 合金

2.2.2　均匀化处理对铸锭合金组织影响

2.2.2.1　物相分析

不同均匀化处理工艺下，Al-Zn-Mg 和 Al-Zn-Mg-0.25Sc-0.10Zr 铸态合金的物相分析结果见图 2-5。

由图 2-5 可知，两种铸态合金由 α(Al) 基体，少量的 $MgZn_2$ 和 $T[Mg_{32}(Al, Zn)_{49}]$ 相组成。铸态合金经 350℃/12 h 均匀化处理后，基体分解析出大量 $MgZn_2$ 和 $T[Mg_{32}(Al, Zn)_{49}]$ 相。经 350℃/8 h + 470℃/12 h 均匀化后，$MgZn_2$ 和 $T[Mg_{32}(Al, Zn)_{49}]$ 相又重新完全回溶入基体中。对比图 2-1 和图 2-5 可知，扫描电子显微分析中的白色相富 Zn、Mg 的铝化物即为 $T[Mg_{32}(Al, Zn)_{49}]$ 相。对比两种合金可以发现，钪锆添加并不影响铝锌镁合金铸锭均匀化过程中非平衡相的种类及其析出和回溶情况。

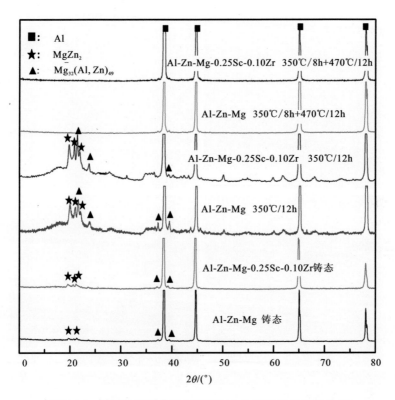

图 2-5　铸态及典型均匀化处理态合金的 X 射线物相分析

2.2.2.2　扫描背散射电子显微组织

典型均匀化工艺下，铸锭合金的扫描电子显微组织如图 2-6 所示，对应的能谱分析结果如表 2-2 所示。由图可知，相比铸态合金，经 350℃/12 h 均匀化处理后，三种合金过饱和固溶体在晶界进一步析出粗大非平衡相，在晶内析出大量细小的白色相 [图 2-6(a)~图 2-6(f)]。经能谱分析表明，晶界粗大的非平衡相可分为两种，粗大的白色相为 T[Mg$_{32}$(Al, Zn)$_{49}$] 相（结合前面 XRD 结果鉴定），粗大灰色相为富 Fe、Mn、Si 元素的杂质相，与铸造合金内非平衡相相同 [图 2-6(d)~图 2-6(f)]。此外，晶内析出相因尺寸较小，能谱分析不能精确确定，粗略鉴定为富锌镁相。随着均匀化温度的升高，晶内和晶界非平衡相逐渐回溶入基体中，经 470℃/12 h 均匀化处理后，只剩下少量的富 Fe、Mn、Si 杂质相 [图 2-6(j)~图 2-6(l)]。在 470℃下继续延长均匀化时间至 24 h，不能进一步促进杂质非平衡相的溶解 [图 2-6(m)~图 2-6(o)]。因此，消除非平衡相的均匀化工艺为：470℃/12 h。

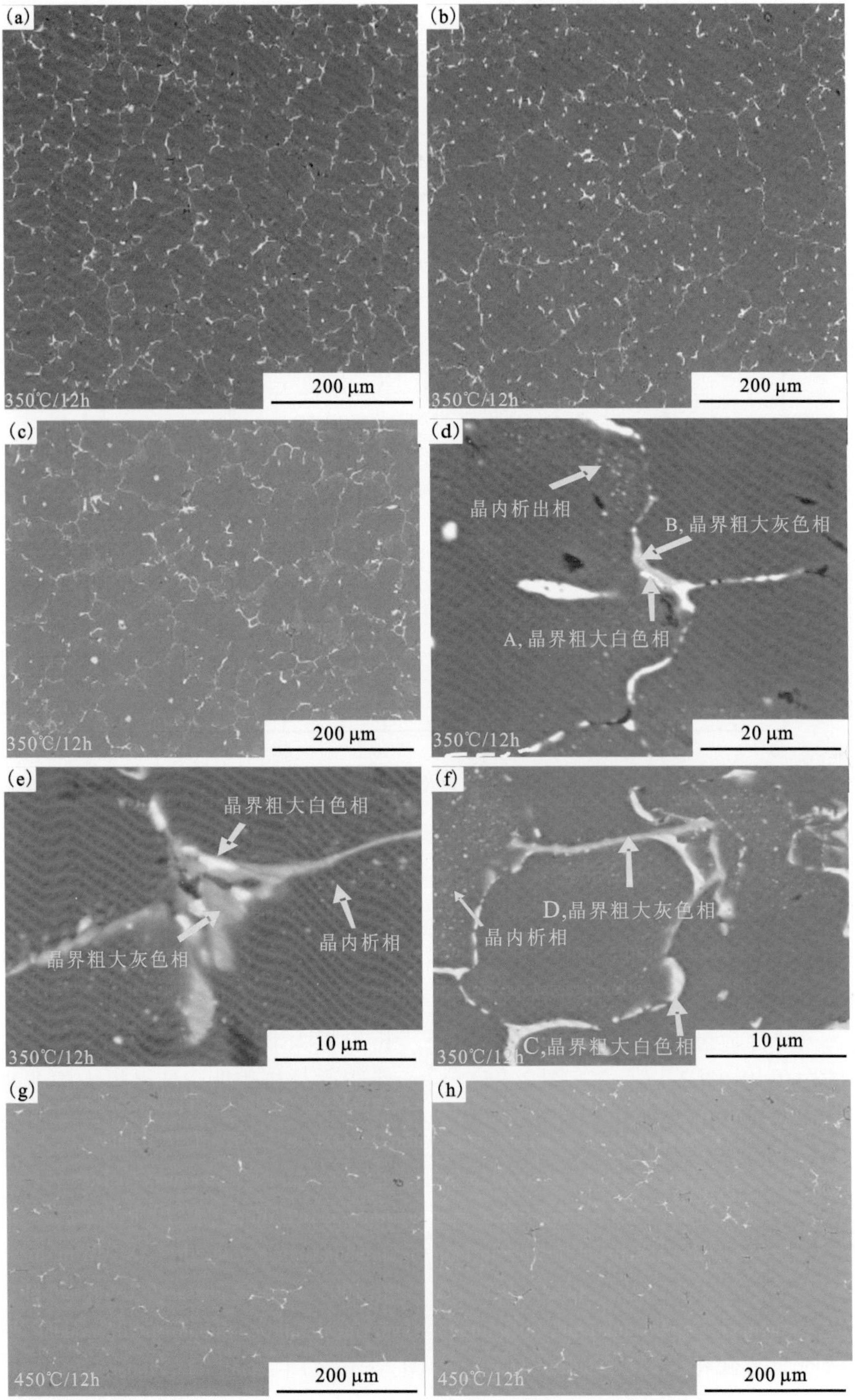
(a)
200 μm
350℃/12h
(b)
200 μm
350℃/12h
(c)
200 μm
350℃/12h
(d)
晶内析出相
B,晶界粗大灰色相
A,晶界粗大白色相
20 μm
350℃/12h
(e)
晶界粗大白色相
晶内析相
晶界粗大灰色相
10 μm
350℃/12h
(f)
D,晶界粗大灰色相
晶内析相
C,晶界粗大白色相
10 μm
350℃/12h
(g)
200 μm
450℃/12h
(h)
200 μm
450℃/12h

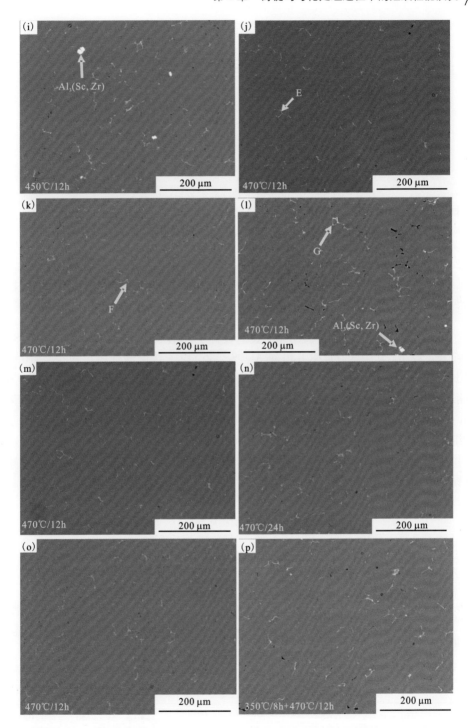

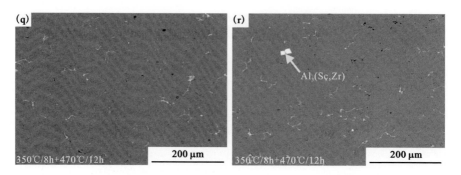

图 2-6　经不同均匀化热处理后合金铸锭的显微组织

350℃/12 h：(a)和(d)Al－Zn－Mg；(b)和(e)Al－Zn－Mg－0.10Sc－0.10Zr；(c)和(f)Al－Zn－
Mg－0.25Sc－0.10Zr；450℃/12 h：(g)Al－Zn－Mg；(h)Al－Zn－Mg－0.10Sc－0.10Zr；(i)Al－Zn
－Mg－0.25Sc－0.10Zr；470℃/12 h：(j)Al－Zn－Mg；(k)Al－Zn－Mg－0.10Sc－0.10Zr；(l)Al－
Zn－Mg－0.25Sc－0.10Zr；470℃/24 h：(m)Al－Zn－Mg；(n)Al－Zn－Mg－0.10Sc－0.10Zr；
(o)Al－Zn－Mg－0.25Sc－0.10Zr；350℃/8 h ＋ 470℃/12 h：(p)Al－Zn－Mg；(q)Al－Zn－Mg－
0.10Sc－0.10Zr；(r)Al－Zn－Mg－0.25Sc－0.10Zr

　　结合 2.2.1 节和本节实验结果，我们设计了一组双级均匀化工艺：350℃/8 h
＋470℃/12 h，其中 350℃/8 h 可使 Al_3(Sc，Zr)粒子获得最佳析出效果，470℃/
12 h 可充分消除铸锭组织的非平衡相析出。在该均匀化工艺条件下的扫描电子
背散射组织如[图 2-6(p)~图 2-6(r)]所示，由图可知，合金内只有少量 Fe、
Mn、Si 杂质相残留，说明可溶相消除。对比三种合金铸锭在不同均匀化工艺下显
微组织可知，钪锆添加并没有影响 Al－Zn－Mg 合金均匀化热处理过程中的非平
衡相析出及回溶情况。此外，针对高钪添加合金，初生 Al_3(Sc，Zr)粒子在均匀化
过程中未发生变化。

表 2-2　图 2-6 所对应的第二次相化学成分（原子百分数/%）

相	Al	Zn	Mg	Cu	Fe	Si	Mn
A	66.81	14.45	15.44	3.31	0	0	0
B	80.27	1.25	1.00	0.90	10.27	4.07	2.23
C	57.09	18.01	21.76	3.13	0	0	0
D	82.47	1.41	1.20	0.82	8.96	3.53	1.59
E	81.55	1.19	1.31	0	9.11	4.71	2.12
F	81.71	1.14	1.21	0.65	9.51	3.81	1.96
G	86.43	1.48	2.36	0	5.46	2.33	1.62

2.2.2.3　透射电子显微组织

Al – Zn – Mg – 0.25Sc – 0.10Zr 合金铸态及均匀化热处理态的透射电子显微组织见图 2 – 7。由图可知，铸态合金内存在一些分布不均匀的粗大非平衡相 [图 2 – 7(a)]。在均匀化处理过程中，随均匀化温度的升高，固溶体先分解析出大量非平衡相后又回溶入基体中 [图 2 – 7(b) ~ 图 2 – 7(c)]。经 470℃/12 h 均匀化处理后，大量非平衡相基本回溶入基体中，基体为过饱和固溶体 [图 2 – 7(c)]。结合图 2 – 5 ~ 图 2 – 7 可知，在 350℃/12 h 均匀化处理过程中晶内大量析出的细小平衡相为 $MgZn_2$ 相，根据其尺寸和形貌可以推测出，该相即为图 2 – 6 观察到的细小晶内析出相。

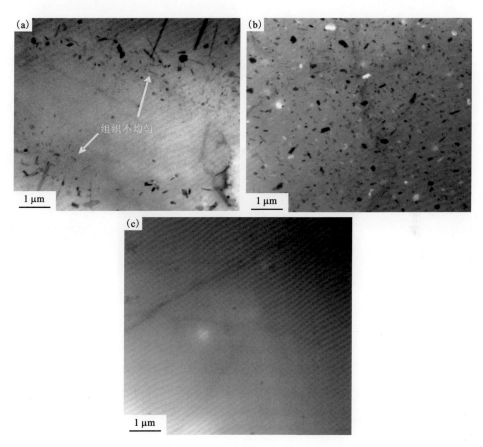

图 2 – 7　Al – Zn – Mg – 0.25Sc – 0.10Zr 合金铸态及均匀化热处理态透射电子显微组织

(a)铸态；(b)350℃/12 h；(c)470℃/12 h

2.2.2.4　Al₃(Sc,Zr)粒子析出特征

经 350℃/8 h +470℃/12 h 均匀化处理后，两种 Al – Zn – Mg – Sc – Zr 合金二次 Al₃(Sc, Zr)粒子析出形貌如图 2 – 8 所示。由图可知，经均匀化处理后合金内析出大量细小弥散纳米级的二次 Al₃(Sc, Zr)粒子，该粒子本身为球形，但因与基体共格，球形粒子中间有条无衬度线，因此在明场下呈马蹄状，其衍射斑如图 2 – 8(c)所示，Al₃(Sc, Zr)粒子衍射斑出现在 $1/2(200)_{Al}$ 和 $1/2(220)_{Al}$ 位置上。

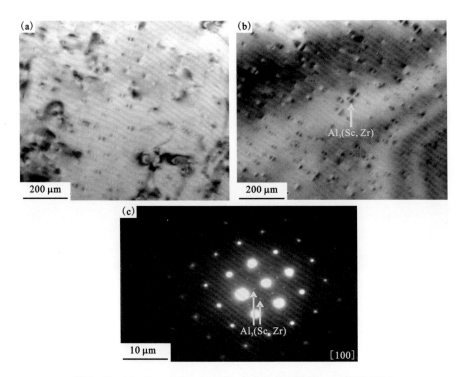

图 2 – 8　Al – Zn – Mg – Sc – Zr 合金经 350℃/8 h + 470℃/12 h
均匀化处理后 Al₃(Sc, Zr)粒子析出形貌

(a)Al – Zn – Mg – 0. 10Sc – 0. 10Zr ; (b)Al – Zn – Mg – 0. 25Sc – 0. 10Zr;

(c)图 2 – 8(b)对应的衍射斑，$B = [100]_{Al}$

2.3　分析与讨论

2.3.1　钪锆添加对 Al – Zn – Mg 合金铸锭的晶粒细化效果

由钪添加引起的晶粒细化效果主要来自于熔体冷却过程中析出的初生 Al₃Sc 粒子，该粒子可作为铝晶粒的潜在形核位置[1]。在 Al – Sc 相图的富铝端主要存在液体，α – Al 和 Al₃Sc 的共晶反应(见文献综述)，晶粒细化效果只有当钪含量

超过共晶成分(0.55%)才能起作用。材料工作者发现,引起晶粒细化效果最低钪含量可以通过复合添加微量锆来降低[2,3]。研究报道表明[4,5],在没有添加微量锆的情况下,钪只有超过0.55%的含量时才能引起晶粒细化效果,但当添加0.10%Zr后,引起铸锭晶粒细化的最低钪含量降到0.18%。因此,在我们研究的 Al-Zn-Mg-Sc-Zr合金中,复合添加0.10% Sc +0.10%Zr 不可以起到晶粒细化效果,而添加0.25% Sc +0.10% Zr 是可以观察到晶粒细化效果的。为了进一步证实这一结论,我们采用了 EBSD 技术表征合金铸锭晶粒形貌,其结果如图2-9所示。

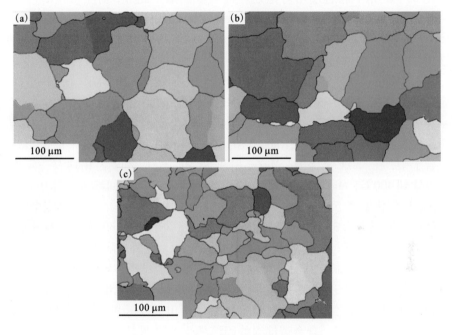

图 2-9　均匀化合金铸锭的 EBSD 图

(a)Al-Zn-Mg 合金;(b)Al-Zn-Mg-0.10Sc-0.10Zr 合金;(c)Al-Zn-Mg-0.25Sc-0.10Zr 合金

图 2-9 表明,三种均匀化合金铸锭晶粒由近似等轴晶构成,晶界基本都为大角度晶界,进一步分析可知,0% Sc +0% Zr, 0.10% Sc +0.10% Zr 和 0.25% Sc +0.10% Zr 添加合金的平均晶粒尺寸分别为78.3 μm,79.6 μm 和 58.4 μm,本研究结果进一步验证了不同钪锆添加量对铸态组织的细化效果。

2.3.2　均匀化处理过程中合金组织性能演变

在半连续铸造激冷条件下,因熔体冷却速度快,其凝固过程为非平衡结晶过程,铸锭相当于熔体淬火,基体近似为过饱和固溶体[6-8];凝固过程中,熔体中先结晶出来的高熔点及低熔点共晶化合物被推移到最后凝固的晶界区域,在本研究中，由此在晶界中形成了富 Fe、Si、Mn 的难溶杂质相和富 Zn、Mg 低熔点非平衡共晶相。铸造合金存在严重的晶界偏析(图 2 - 1)，组织不均匀[图 2 - 7(a)]，铸锭需均匀化退火。

铸锭合金在均匀化处理过程中，在较低温度下均匀化处理，过饱和固溶体进一步分解析出 $MgZn_2$ 和 $T[Mg_{32}(Al,Zn)_{49}]$ 相(350℃，图 2 - 5 ~ 图 2 - 7)，经 470℃/12 h 或 350℃/8 h + 470℃/12 h 均匀化处理后，$MgZn_2$ 和 $T[Mg_{32}(Al,Zn)_{49}]$ 相基本回溶入基体中，铸锭内只有少量残留的富 Fe、Si、Mn 杂质相(图 2 - 6)，此相不能通过均匀化处理进一步消除。此外，对于 Al - Zn - Mg - Sc - Zr 合金，在均匀化过程中，还会从过饱和固溶基体中分解析出纳米级的二次 $Al_3(Sc,Zr)$ 粒子(图 2 - 8)，研究结果显示，350℃/8 h 为 $Al_3(Sc,Zr)$ 粒子析出的较佳均匀化工艺。

通过 JMatpro 软件计算，三种研究合金相图如图 2 - 10 所示。由图可知，研究合金的主要析出相为 $MgZn_2$ 相和 $T[Mg_{32}(Al,Zn)_{49}]$ 相，对于 Al - Zn - Mg - Sc - Zr 合金还存在 $Al_3(Sc,Zr)$ 粒子。对比三种合金相图可知，$Al_3(Sc,Zr)$ 粒子的析出并没有影响 $MgZn_2$ 和 $T[Mg_{32}(Al,Zn)_{49}]$ 相在均匀化过程中的析出行为。研究合金中，在 350℃ 下保温，$MgZn_2$ 相和 $T[Mg_{32}(Al,Zn)_{49}]$ 相均有一定析出，当温度达到 400℃，$MgZn_2$ 和 $T[Mg_{32}(Al,Zn)_{49}]$ 相已完全回溶入基体中，因此，在 470℃ 均匀化温度下，合金内 $MgZn_2$ 相和 $T[Mg_{32}(Al,Zn)_{49}]$ 相可以完全溶入合金基体内。当温度为 350℃ 时，两种合金 $Al_3(Sc,Zr)$ 粒子析出质量分数基本上达到最大值，相图分析与我们的实验结果是一致的。此外，随着钪锆添加量的增加，$Al_3(Sc,Zr)$ 粒子析出百分数增加，这与硬度差值结果一致。

均匀化过程中合金铸锭硬度和电导率的变化与显微组织演变密切相关。350℃ 及其以下均匀化处理，过饱和基体大量析出 $MgZn_2$ 和 $T[Mg_{32}(Al,Zn)_{49}]$ 相，基体过饱和度降低，合金铸锭内的固溶强化效果明显减弱，由于析出的非平衡相尺寸较大，基本没有析出强化作用，因此，在 350℃ 及其以下均匀化热处理，随均匀化时间的延长，合金硬度逐渐降低(图 2 - 3)。对于 Al - Zn - Mg - Sc - Zr 合金，在 350℃ 均匀化处理，合金硬度变化除与非平衡相析出引起的过饱和度有关外，还与 $Al_3(Sc,Zr)$ 粒子引起的析出强化有关。由图 2 - 3 可知，在 350℃ 均匀化处理，Al - Zn - Mg - Sc - Zr 合金内析出的二次 $Al_3(Sc,Zr)$ 粒子引起的析出强化大于非平衡相析出降低的固溶强化，因此，Al - Zn - Mg - Sc - Zr 合金随均匀化时间的延长硬度上升。三种合金在 350℃ 以上均匀化处理，铸锭内晶界及晶内的非平衡相逐渐回溶入基体中，合金过饱和程度逐渐增加，固溶强化增加，因此，随均匀化时间的延长及均匀化温度的增加，合金硬度逐渐上升；当均匀化温度达到 400℃ 时，基体接近过饱和固溶体，继续升高均匀化温度，Al - Zn - Mg 合金硬度基本保持不变，但对于两种 Al - Zn - Mg - Sc - Zr 合金而言，二次 $Al_3(Sc,Zr)$

粒子逐渐粗化，其引起的析出强化弱化，从而合金硬度降低。

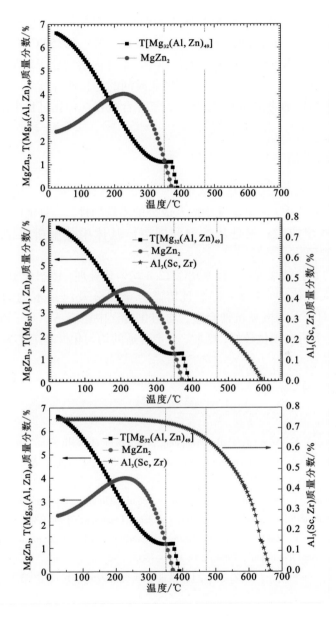

图 2 - 10　研究合金相图

(a) Al – Zn – Mg 合金；(b) Al – Zn – Mg – 0.10Sc – 0.10Zr 合金；

(c) Al – Zn – Mg – 0.25Sc – 0.10Zr 合金

在多组元合金中，铝基体中的固溶原子引起的点阵畸变对电子的散射作用比沉淀析出第二相引起的散射作用大。在350℃及其以下均匀化处理，从过饱和基体中析出大量的非平衡相，合金基体内的溶质原子减少，对电子的散射几率降低，因此，合金的电导率随均匀化时间的延长而上升；在350℃以上均匀化处理，晶界和晶内存在的非平衡相逐渐溶入基体中，基体内溶质原子增加，对电子的散射能力增强，因此，合金的电导率随均匀化时间的延长而降低。由于钪锆添加并没有影响非平衡相的析出和回溶，因此，三种合金在均匀化过程中的电导率变化规律相同。

2.3.3 合宜的均匀化工艺选择

文献和作者先前的研究结果表明[9-11]，含过渡族元素 Sc、Zr 的铝合金均匀化处理的目的有三个：一是消除组织及成分的不均匀性；二是消除非平衡凝固过程中产生的残余应力；三是从过饱和固溶体基体中分解析出纳米级的二次 $Al_3(Sc, Zr)$ 粒子。

本工作的实验结果说明，经470℃/12 h均匀化处理，铸态合金中的非平衡共晶相基本溶入基体中（图2-6），且铸态合金成分及组织不均匀性基本消除（图2-7）。对于添加微量钪锆合金，均匀化过程中还有 $Al_3(Sc, Zr)$ 粒子析出，在350℃/8 h下析出硬化较好，因此，合金合适的均匀化处理工艺为350℃/8 h + 470℃/12 h。

参考文献

[1] K. B. Hyde, A. F. Norman, P. B. Prangnell. The effect of cooling rate on the morphology of primary Al3Sc intermetallic particles in Al – Sc alloys [J]. Acta Materialia, 2001, 49: 1327 – 1337.

[2] V. G. Davydov, V. I. Elagin, V. V. Zakharov, et al. Alloying aluminum alloys with scandium and zirconium additives[J]. Metal Science and Heat Treatment, 1996, 38: 347 – 350.

[3] V. I. Elagin, V. V. Zakharov, T. D. Rostova. Scandium – alloyed aluminum alloys[J]. Metal Science and Heat Treatment, 1994, 36: 375 – 380.

[4] 樊喜刚. Al – Zn – Mg – Cu – Zr 合金组织性能和断裂行为的研究[D]. 哈尔滨：哈尔滨工业大学, 2007.

[5] C. B. Fuller, A. R. Krause, D. C. Dunand, et al. Microstructure and mechanical properties of a 5754 aluminum alloy modified by Sc and Zr additions [J]. Materials Science and Engineering A, 2002, 338: 8 – 16.

[6] W. Guojun, X. Baiqing, Z. Yongan, et al. Microstructural characterization of ascast and homogenized 2D70 aluminum alloy [J]. International Journal of Minerals, Metallurgy and

Materials, 2009, 16(4): 427 – 431.

[7] 万 里, 邓运来, 张云崖, 等. Al – (7.8 ~ 9.0)Zn – 1.6Mg – (1.0 ~ 2.2)Cu 合金铸态及其均匀化组织[J]. 中国有色金属学报, 2010, 20(9): 1698 – 1704.

[8] 高凤华, 田 妮, 孙兆霞, 等. Al – 6.5Zn – 2.4Mg – 2.3Cu 铝合金半连续铸锭的均匀化处理[J]. 东北大学学报: 自然科学版, 2008, 29(8): 1118 – 1121.

[9] 李松瑞, 周善初. 金属热处理[M]. 长沙: 中南大学出版社, 2005.

[10] Z. H. Jia, G. Q. Hu, B. Forbors, et al. Effect of homogenization and alloying elements on recrystallization resistance of AlZrMn alloys[J]. Materials Science and Engineering A, 2007, 444(1/2): 284 – 290.

[11] Y. Totik, R. Sadeler, I. Kaymaz, et al. The effect of homogenisation treatment on cold deformations of AA 2014 and AA 6063 alloys[J]. Journal of Materials Processing Technology, 2004, 147(1/2): 60 – 64.

第3章 铸锭热加工过程中的
组织性能演变

本研究中的 Al – Zn – Mg 合金，合金化元素含量较高，存在变形温度区间窄、道次变形量较低、形变不均匀、容易出现局部应力集中导致开裂等特点。如何确定均匀化处理后铸锭热加工特性，降低板材的生产成本，是本章需要解决的问题。本章采用铸锭热塑性和热轧试验共同确定研究合金铸锭的热加工特性，在此基础上，通过对比研究，探索微量钪锆复合添加对 Al – Zn – Mg 合金热加工组织性能影响。

3.1 均匀化处理后的铸锭热塑性研究

3.1.1 真应力 – 真应变曲线

采用高温瞬时拉伸力学性能实验研究方法来评估经均匀化退火的试验料的热塑性。铸锭经过双级均匀化处理后进行热塑性研究，高温瞬时试验温度为100℃、200℃、300℃、375℃、400℃、425℃、450℃、500℃，拉伸速度为 2 mm/min。经双级均匀化处理后的 Al – Zn – Mg – 0.10Sc – 0.10Zr 和 Al – Zn – Mg – 0.25Sc – 0.10Zr 两种合金铸锭在 300～500℃下高温瞬时拉伸下的真应力 – 真应变曲线如图 3 – 1 所示，峰值应力见表 3 – 1。由图可知，三种研究合金随变形温度的升高，真应力 – 真应变曲线呈现相同的变化规律。高温拉伸下的真应力 – 真应变曲线可分为三个阶段，第一阶段为微应变阶段，曲线很快上升，斜率很大；第二阶段曲线斜率减小；第三阶段呈现出明显的稳态流变特征，即合金的流变应力达到峰值后随应变量的增加流变应力基本保持不变。此外，结合图 3 – 1 及表 3 – 1 可知，随变形温度的升高，三种研究合金的峰值应力单调下降，最大应变值先增加后降低，在 375～400℃试验温度下变形具有较大的应变值和较小的峰值应力，是研究合金较为合适的热加工温度区间。此外，在相同变形温度下，添加微量钪锆的 Al – Zn – Mg合金相比未添加钪锆的合金具有相对较高的峰值应力及较低应变值。

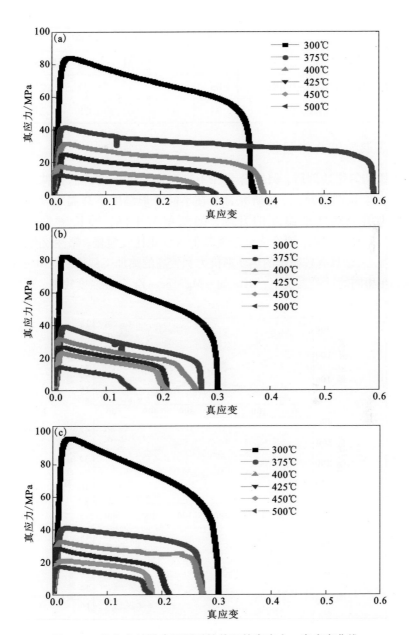

图 3 – 1　均匀化铸锭高温瞬时拉伸下的真应力 – 真应变曲线

(a) Al – Zn – Mg 合金；(b) Al – Zn – Mg – 0. 10Sc – 0. 10Zr 合金；

(c) Al – Zn – Mg – 0. 25Sc – 0. 10Zr 合金

表 3-1　均匀化铸锭不同变形温度下的峰值应力/MPa

合　金	300℃	375℃	400℃	425℃	450℃	500℃
Al – Zn – Mg	84	42	31	25	18	13
Al – Zn – Mg – 0. 10Sc – 0. 10Zr	83	40	32	27	23	15
Al – Zn – Mg – 0. 25Sc – 0. 10Zr	93	43	32	28	21	17

3.1.2　高温拉伸力学性能

经双级均匀化处理后，铸锭合金在不同变形温度下的高温拉伸力学性能如图 3 - 2 所示。由图可知，三种研究合金在不同变形温度下高温力学性能呈现相同的变化规律：随变形温度的升高，强度单调下降，伸长率先升后降，在 375 ~ 400℃ 温度下变形，研究合金强度较低且变化比较缓慢，塑性较高，因此在该温度范围内，合金具有较稳定的热变形抗力和较高的热加工塑性。与 Al – Zn – Mg 合金相比，在相同的试验温度下，Al – Zn – Mg – Sc – Zr 合金强度较高，塑性较低。

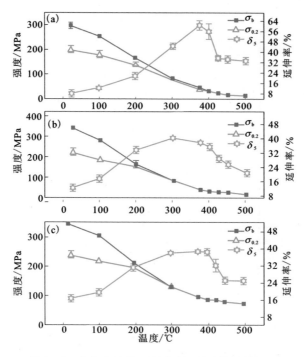

图 3 - 2　均匀化铸锭不同试验温度下的拉伸性能

（a）Al – Zn – Mg 合金；（b）Al – Zn – Mg – 0. 10Sc – 0. 10Zr 合金；（c）Al – Zn – Mg – 0. 25Sc – 0. 10Zr 合金

3.1.3 高温拉伸后显微组织

3.1.3.1 扫描断口

均匀化铸锭合金不同变形温度下拉伸后的断口特征如图 3 - 3 所示。结果表明，不同变形温度下合金的拉伸断口特征不同，三种研究合金断口形貌随变形温度的变化规律基本相同。在室温下，合金断口呈混合断口形貌[图 3 - 3(a) ~图 3 - 3(c)]，既有小且浅的韧窝也有沿晶裂缝，随变形温度的升高，断口逐渐呈现典型的穿晶断裂特征，断口由较深的韧窝组成[图 3 - 3(d) ~图 3 - 3(i)]，继续升高变形温度，断口逐渐演变为沿晶断裂[图 3 - 3(i) ~图 3 - 3(l)]，表明高温下变形应力集中在晶界区域，晶界弱化。此外，500℃下，Al - Zn - Mg 合金晶粒明显粗化，而含钪锆合金仍保持细小晶粒。

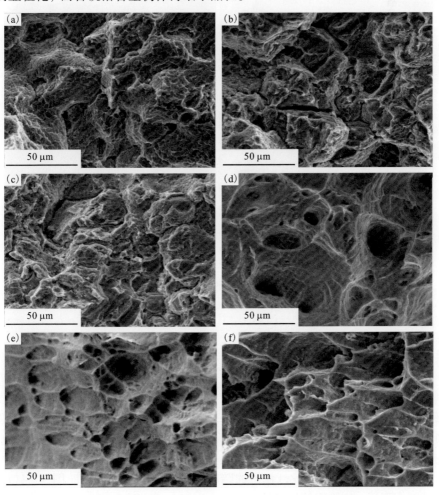

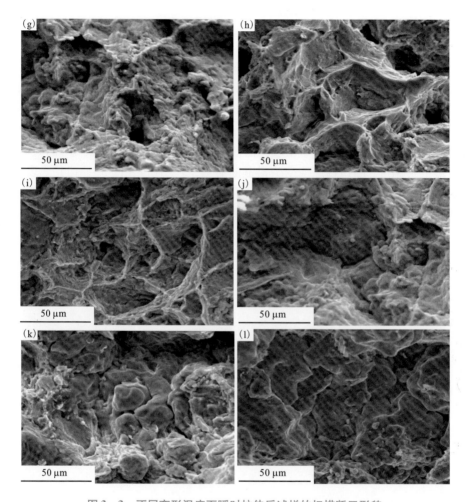

图 3 – 3　不同变形温度下瞬时拉伸后试样的扫描断口形貌

Al – Zn – Mg：(a)室温；(d)300℃；(g)400℃；(j)500℃；Al – Zn – Mg – 0.10Sc – 0.10Zr 合金：
(b)室温；(e)300℃；(h)400℃；(k)500℃；Al – Zn – Mg – 0.25Sc – 0.10Zr 合金：(c)室温；
(f)300℃；(i)400℃；(l)500℃

3.1.3.2　透射电子显微组织

高温瞬时拉伸后，Al – Zn – Mg 和 Al – Zn – Mg – 0.25Sc – 0.10Zr 合金试样不同变形温度下的透射电子显微分析如图 3 – 4 所示。由图可知，常温下变形合金组织主要为位错亚结构［图 3 – 4(a)］，除具有较高的位错密度外，对于含钪锆合金还存在大量细小弥散的纳米级 $Al_3(Sc, Zr)$ 球形弥散质点［由于位错应变场的干扰，与基体共格的 $Al_3(Sc, Zr)$ 粒子的蹄印状特征消失，呈球形］［图 3 – 4(b)］；经 400℃ 变形后，位错亚结构仍然存在［图 3 – 4(c) ~ 图 3 – 4(d)］，且晶界附近可以见到明显的强滑移线[图 3 - 4(c)中箭头所示]，显示出高温下晶界滑动特征；当变形温度达到500℃时，三种研究合金内位错基本消失，合金发生了明显的动态再结晶。此外，在热变形过程中，添加钪锆 Al - Zn - Mg 合金内的 $Al_3(Sc, Zr)$ 粒子强烈钉轧位错及晶界[图 3 - 4(d) ~ 图 3 - 4(f)]，阻碍位错移动及晶界迁移。

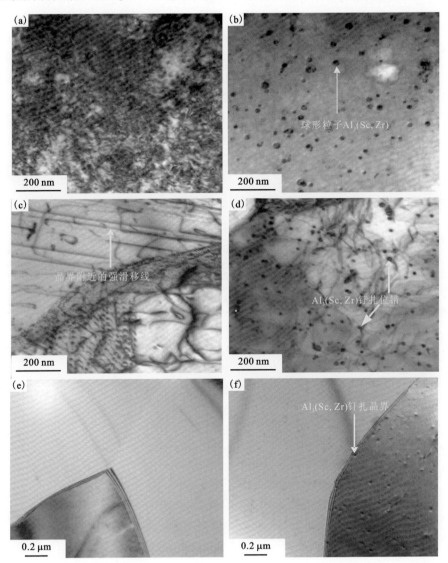

图 3 - 4　研究合金不同试验温度下瞬时拉伸后试样的透射电子显微组织

Al - Zn - Mg 合金：(a)25℃；(c)400℃；(e)500℃；

Al - Zn - Mg - 0. 25Sc - 0. 10Zr 合金：(b)25℃；(d)400℃；(f)500℃

3.2 热轧板材组织与性能

3.2.1 力学性能

均匀化铸锭高温拉伸后的实验结果表明,在375~400℃下变形,铸锭变形抗力较低,塑性较好,因此选择这一温度范围作为热轧温度试验。在优化的热加工温度区间下,对经双级均匀化处理后铸造合金进行热轧,热轧前在箱式电阻炉进行420℃/4 h 中间退火,热轧前板材厚度为70mm,经10道轧制后轧成7m板材,热轧变形量为90%。轧制前在420℃下保温4 h,经热轧后轧板表面质量良好,表明热变形温度选取合理。三种研究合金铸锭热轧后力学性能如表3-2所示。由表可知,随着钪含量的提高,Al-Zn-Mg 热轧合金强度大幅升高,塑性稍有降低。

表3-2 研究合金热轧板材的力学性能

合金	屈服强度/MPa	抗拉强度/MPa	延伸率/%
Al-Zn-Mg	181 ± 5	268 ± 6	16.8 ± 1.7
Al-Zn-Mg-0.25Sc-0.10Zr	228 ± 4	340 ± 8.9	15.5 ± 2.2
Al-Zn-Mg-0.25Sc-0.10Zr	248 ± 10	344 ± 13	15.1 ± 5.2

3.2.2 显微组织

三种研究合金热轧板材的显微组织如图3-5所示。由图3-5(a)~图3-5(c)可知,热轧合金的金相显微组织均由沿轧向拉长的纤维晶粒构成。在透射电镜明场下,Al-Zn-Mg 合金主要由微米级的亚晶构成[图3-5(d)],而两种 Al-Zn-Mg-Sc-Zr 合金则主要为位错网胞,且随钪含量的增加,合金内位错密度增加[图3-5(e)~图3-5(f)]。经放大观察可以发现[图3-5(g)~图3-5(h)],Al-Zn-Mg-Sc-Zr 合金内存在大量细小弥散的纳米级 $Al_3(Sc,Zr)$ 粒子,该粒子在热轧过程中强烈钉轧位错,阻碍热轧过程中动态回复的发生,$Al_3(Sc,Zr)$ 粒子衍射斑如图3-5(i)所示。

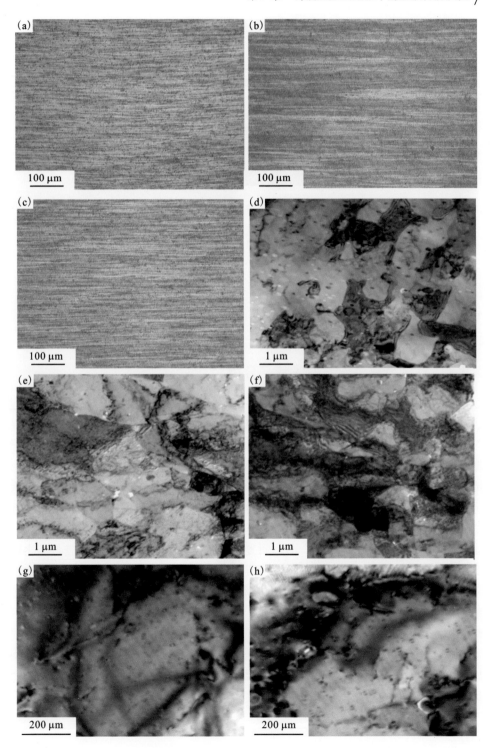

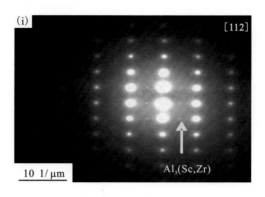

图 3 - 5   研究合金热轧板材显微组织

金相显微组织：(a)Al - Zn - Mg 合金；(b)Al - Zn - Mg - 0.10Sc - 0.10Zr 合金；(c)Al - Zn - Mg - 0.25Sc - 0.10Zr 合金；透射电子显微组织：(d)和(g)Al - Zn - Mg 合金；(e)~(h)Al - Zn - Mg - 0.10Sc - 0.10Zr 合金；(f)和(h)Al - Zn - Mg - 0.25Sc - 0.10Zr 合金；(i)SAED, 对应图(h)的衍射斑，B = [1 1 2]

3.3   分析与讨论

3.3.1   真应力 - 真应变曲线特征分析

金属高温变形过程中，同时存在加工硬化及软化两个过程。合金软化机制包括动态回复和动态再结晶。高温瞬时拉伸下合金的真应力 - 真应变曲线反映了在热力共同作用下材料内部显微组织变化。热变形初期，合金内位错密度陡然增加，位错运动到合金中的晶界、杂质及第二相粒子处形成位错塞积群，合金变形抗力增加，因此，使得流变应力在热变形初期随应变的增加几乎呈直线迅速增大至峰值(图 3 - 1)；当应力达到峰值后，加工硬化引起的位错增加被动态回复引起位错密度减小抵消，合金达到稳态流变应力状态。随变形温度的升高，原子激活能增大，位错的移动合并容易，动态回复程度增大，合金的峰值流变应力随之降低。在 375~500℃下变形，由于此时变形温度较高，基体中的自扩散及合金中的刃型位错的攀移得以充分进行，螺型位错的交滑移和刃型位错的攀移造成大量位错的相互抵消，使位错密度大大减少(图 3 - 4)，从而增大了合金的软化程度，因此进入稳态流变阶段所需的应力值也相应地降低。此外，图 3 - 3 和图 3 - 4 的显微组织分析表明，随着变形温度的升高，应力集中在晶界区域，晶界参与滑动明显，晶界弱化，且合金内发生动态再结晶也越来越明显，晶粒尺寸逐渐增大，因此，随变形温度的升高，合金的应力值逐渐降低。

3.3.2　铸锭热变形过程中的组织性能演变

在金属合金铸锭热加工工艺研究中,铸锭加热温度的确定至关重要。加热温度过低合金变形抗力大,变形不均匀。加热温度过高则会使加热合金过烧或热脆。一般金属合金的热加工温度是根据已有的相图、变形抗力图、第二类结晶图及塑性图制定。对于新型合金的热加工温度可根据高温瞬时拉伸试验(或者热模拟试验)下的组织性能变化及热轧生产现场验证试验来确定。Meng[1] 及 Huang[2] 等人指出,金属合金热变形过程中的变形抗力/流变应力与合金内位错组态密切相关。在低温下变形,随变形量的增加,合金内位错密度迅速增加,位错相互缠结,进一步有效阻碍了金属变形,因此合金变形抗力较大。升高变形温度,位错密度逐渐减少,合金内发生动态回复或者动态再结晶,晶粒粗化,合金变形抗力逐渐减小。变形温度越高,变形抗力越小。在本研究中,在 375~400℃ 变形温度下,合金流变应力较低且随温度升高变化缓慢,塑性较高,因此在此温度范围内,合金具有较稳定的热变形抗力和较好的热加工塑性。当试验温度进一步增加,变形主要集中在晶界附近,晶界逐渐弱化,试样断口由穿晶断裂转变为沿晶断裂,热加工塑性显著降低。生产现场试验也表明铸锭在 380~400℃ 进行热轧,热轧效果较好,热轧板表面质量较佳。继续升高热加工温度,热轧板坯边缘出现裂缝。因此,认为 375~400℃ 是试验合金锭坯合宜的热加工温度范围。对于 Al – Zn – Mg – Sc – Zr 合金,大量纳米级的 $Al_3(Sc, Zr)$ 粒子在热变形过程中强烈钉轧位错,阻碍位错及晶界移动,抑制动态回复及动态再结晶的进行,因此,在相同的变形温度下,Al – Zn – Mg – Sc – Zr 合金变形抗力较高。

参考文献

[1] G. Meng, B. L. Li, H. M. Li, et al. Hot deformation behavior of an Al 5.7% Mg alloy with erbium[J]. Materials Science and Engineering A, 2010, 516(1/2): 131 – 137.

[2] X. D. Huang, H. Zhang, Y. Han, et al. Hot deformation behavior of 2026 aluminum alloy during compression at elevated temperature[J]. Materials Science and Engineering A, 2010, 527 (1/2): 485 – 490.

第4章 钪锆微合金化对合金冷轧板材再结晶作用机理

现有大量文献表明[1-3]，钪锆添加可以提高铝合金再结晶温度，然而，其抑制再结晶发生的具体作用机理未曾得到解答。本章利用 XRD 宏观织构测试和 EBSD 微观织构观察技术，对比研究未添加钪锆及复合添加不同钪锆的 Al – Zn – Mg 合金再结晶退火过程中的织构演变规律，揭示钪锆添加对 Al – Zn – Mg 合金再结晶作用机制。

4.1 不同退火温度下研究合金宏观织构演变

4.1.1 ODF 图

热轧后合金板材在420℃下退火4 h，再经5 道次轧成2 mm 薄板，冷轧变形量为70%。对冷轧板材进行再结晶退火研究，选定的退火温度有：200℃、350℃、400℃、450℃、475℃、550℃、600℃、615℃，退火时间均为 1 h。再结晶退火在箱式电阻炉中进行，退火后样品迅速水淬，以保持高温下合金显微组织状态。

织构测定样品测试面尺寸为 10 mm ×10 mm，测试面为轧面，使用 X 射线衍射仪测定（1 1 1）、（2 0 0）和（2 2 0）三个晶体面不完整极图，最大测试角为75°，通过不完整极图使用 l_{max} =18 重构 ODF 三维图。

Al – Zn – Mg 冷轧合金在不同退火温度下典型截面的 ODF 图如图 4 – 1 所示。由图 4 – 1 可知，Al – Zn – Mg 冷轧合金主要由立方织构{100} <001 >和 β 轧制织构（包括 Copper 位向{112} < 111 >，S 位向{123} < 634 >和 Brass 位向{011} <211 >）构成。随再结晶退火温度的升高，β 轧制织构逐渐减弱，当退火温度达到400℃时，β 织构消失[图 4 –1(d)]，此外，立方织构则先增强后减弱，当退火温度达到350℃立方织构强度达到最大值[图 4 –1(c)]。研究合金的整体织构密度水平随退火温度的升高降低。

在不同退火温度下，Al – Zn – Mg –0. 10Sc –0. 10Zr 和 Al – Zn – Mg –0. 25Sc –0. 10Zr 两种合金 ODF 的典型截面图如图 4 –2 和图 4 –3 所示。由图可知，复合添加钪锆的冷轧合金织构组分与 Al – Zn – Mg 冷轧合金基本相同，主要由立方和 β 轧制织构构成。然而，在再结晶退火过程中，Al – Zn – Mg – Sc – Zr 合金内的立方织构、β 轧制织构和整体织构密度水平均随退火温度的升高逐渐加强。

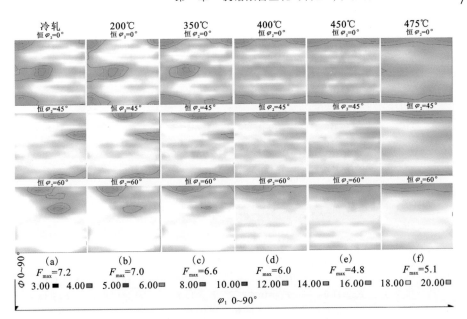

图 4 - 1　Al - Zn - Mg 冷轧合金不同退火温度下典型 ODF 截面图

(a)冷轧；(b)200℃；(c)350℃；(d)400℃；(e)450℃；(f)475℃

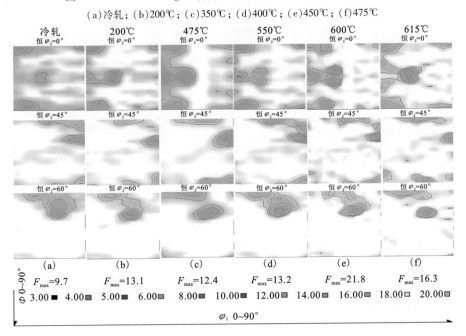

图 4 - 2　Al - Zn - Mg - 0. 10Sc - 0. 10Zr 冷轧合金不同退火温度下典型 ODF 截面图

(a)冷轧；(b)200℃；(c)475℃；(d)550℃；(e)600℃；(f)615℃

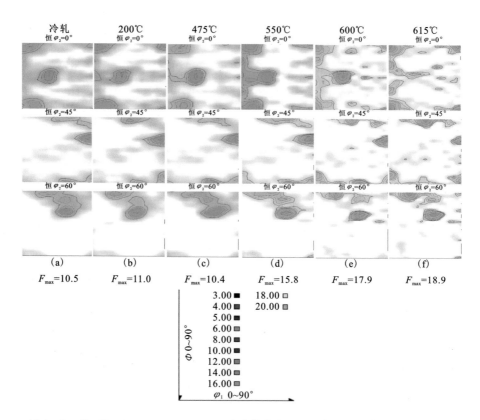

图 4 – 3   Al – Zn – Mg – 0. 25Sc – 0. 10Zr 冷轧合金不同退火温度下典型 ODF 截面图
(a)冷轧;(b)200℃;(c)475℃;(d)550℃;(e)600℃;(f)615℃

4.1.2   α 线及 β 线

研究合金不同再结晶退火温度下的 α 线及 β 线,如图 4 – 4 所示。由图可知,对于冷轧的 Al – Zn – Mg 合金,随再结晶温度的升高,合金 α 线和 β 线上取向密度逐渐降低,当再结晶温度达到 400℃时,合金 α 线和 β 线上的取向密度基本为 0;此外,β 线在 Euler 空间的位置非常散漫,这是因为该合金 β 线上取向密度较低的缘故。对于两种冷轧的 Al – Zn – Mg – Sc – Zr 合金则存在较强的 β 轧制织构,其 α 线和 β 线上位向密度峰分别出现在 Brass 位向和 Copper 位向;随再结晶退火温度的增加,合金整个 β 线位向密度峰值增加,且 β 线上的峰位由 Copper 位向转向 S 和 Brass 位向。相比 Al – Zn – Mg 合金,Al – Zn – Mg – Sc – Zr 合金 β 线在 Euler 空间的位置更为集中。

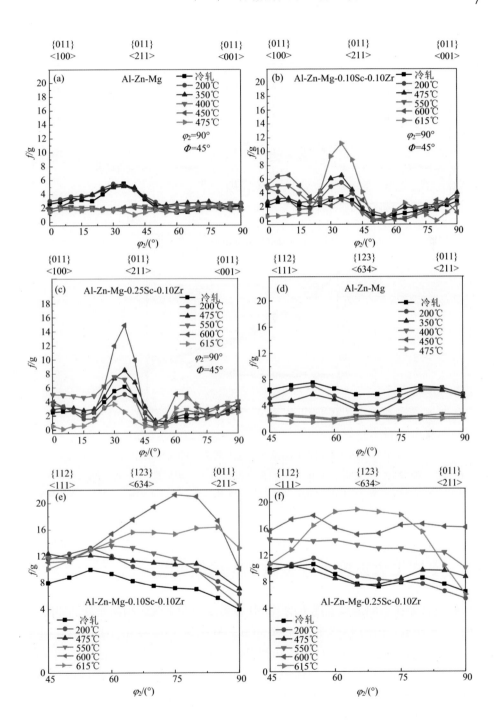

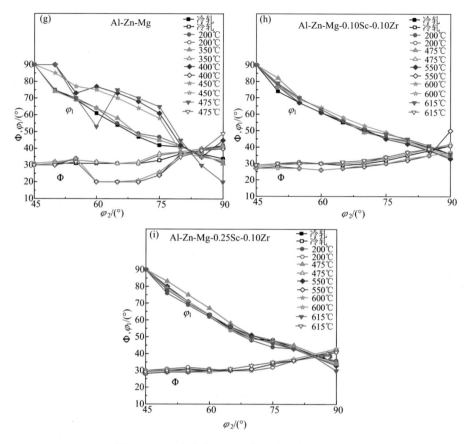

图 4-4　研究合金不同退火温度下的织构演变

Al-Zn-Mg 合金：(a)α 线；(d)β 线；(g)β 线在 Euler 空间的位置；Al-Zn-Mg-0.10Sc-0.10Zr 合金 (b)α 线；(e)β 线；(h)β 线在 Euler 空间的位置；Al-Zn-Mg-0.25Sc-0.10Zr 合金：(c)α 线；(f)β 线；(i)β 线在 Euler 空间的位置

4.2　不同退火温度下合金微观织构演变

　　研究合金在不同退火温度下的 EBSD 显微组织及微观织构演变分别如图 4-5 和图 4-6 所示。由图 4-5 和图 4-6 可知，Al-Zn-Mg 冷轧合金由沿轧制方向拉长的纤维晶粒组成，主要存在 β 轧制织构、Cube 织构和 Goss 织构；随再结晶温度的升高，Al-Zn-Mg 合金整体织构密度水平逐渐降低，β 轧制织构和 Goss 织构逐渐消失，Cube 织构先增强后减弱，在 350℃ 下密度水平达到最大值；当退火温度达到 350℃，合金发生明显再结晶，475℃ 下退火发生完全再结晶，且再结晶晶粒等轴，位向呈随机分布。

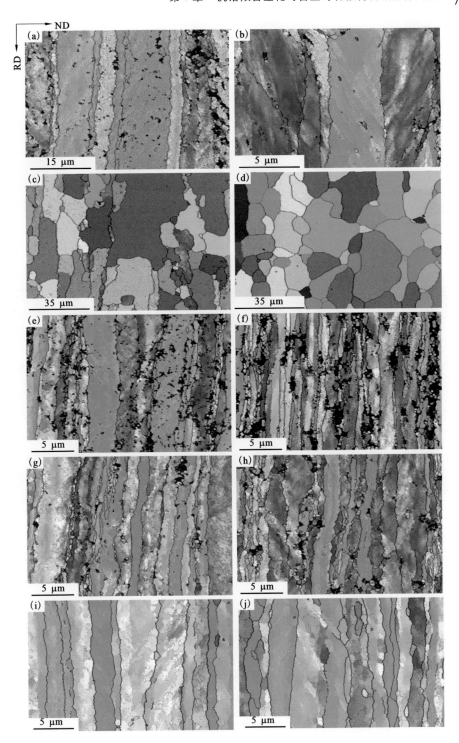

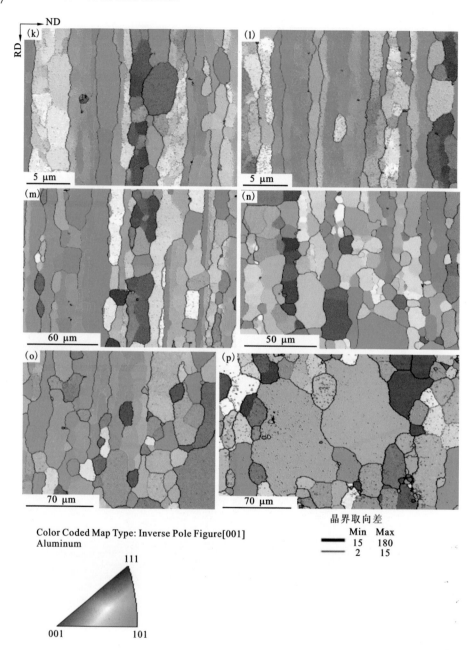

图 4 – 5　研究合金不同退火温度下的 EBSD 显微组织

Al – Zn – Mg: (a)冷轧; (b)200℃; (c)350℃; (d)475℃; Al – Zn – Mg – 0. 10Sc – 0. 10Zr: (e)冷轧; (g)200℃; (i)475℃; (k)550℃; (m)600℃; (o)615℃; Al – Zn – Mg – 0. 25Sc – 0. 10Zr: (f)冷轧; (h)200℃; (j)475℃; (l)550℃; (n)600℃; (p)615℃

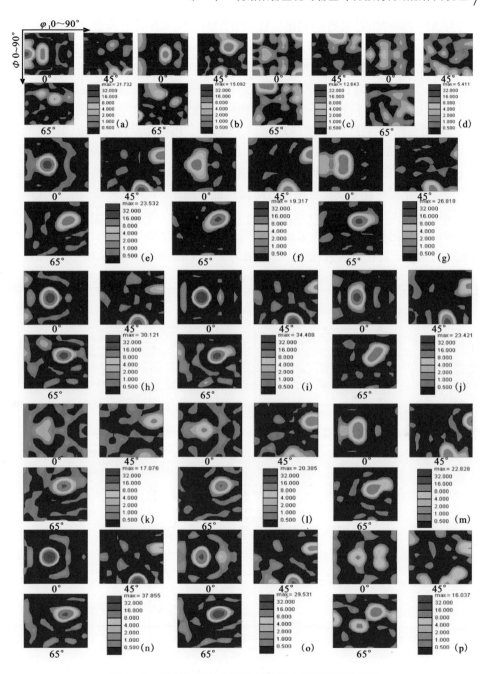

图 4 - 6　研究合金再结晶退火过程中的微观织构演变

Al - Zn - Mg：(a)冷轧；(b)200℃；(c)350℃；(d)475℃；Al - Zn - Mg - 0. 10Sc - 0. 10Zr：(e)冷轧；
(g)200℃；(i)475℃；(k)550℃；(m)600℃；(o)615℃；Al - Zn - Mg - 0. 25Sc - 0. 10Zr：(f)冷轧；(h)200℃；
(j)475℃；(l)550℃；(n)600℃；(p)615℃

　　与 Al - Zn - Mg 冷轧合金相比，Al - Zn - Mg - Sc - Zr 冷轧合金纤维晶粒更为细小，且轧制织构强度较高，没有发现 Cube 和 Goss 织构；随退火温度的升高，β轧制织构先加强后减弱，在 600℃ 达到最大值；475℃ 下合金内形成了大量的亚晶[图 4 -5(i) 和图 4 -5(j)]，600℃ 下退火，可以观察到较小的再结晶晶粒，且晶粒明显粗化[图 4 -5(m) 和图 4 -5(n)]，当退火温度达到 615℃，尽管还存在少量的亚晶，再结晶晶粒明显[图 4 -5(o) 和图 4 -5(p)]，再结晶晶粒大部分仍保持轧制织构，此外随机取向的再结晶晶粒尺寸远远大于轧制取向再结晶晶粒。

　　EBSD 可以定量的表征合金的晶界分布特征，文献[4,5]指出，再结晶过程中的大小角度晶界相对含量变化可衡量再结晶程度。图 4 -7 为三种研究合金在不同退火温度下的大小角度晶界百分数变化。由图可知，三种合金大小角度晶界百分数呈相同的变化趋势，随退火温度的升高，亚晶界先增加后减少，大角度晶界则先减少后增加，且在退火过程中，位向角为 2°~5° 的亚晶界和 >30° 的大角度晶

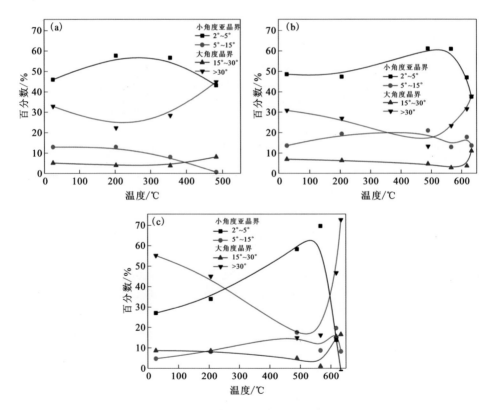

图 4 -7　研究合金不同退火温度下的晶界特征

(a)Al - Zn - Mg; (b)Al - Zn - Mg -0.10Sc -0.10Zr; (c)Al - Zn - Mg -0.25Sc -0.10Zr

界变化较大，中等位向角度晶界变化较小。Al - Zn - Mg 合金大/小角度晶界百分数在 200 ~ 350℃达到最小/大值，Al - Zn - Mg - Sc - Zr 合金极值则出现在 550℃。结合(图 4 - 5)，我们可以判定，Al - Zn - Mg 合金再结晶发生在 200 ~ 350℃，Al - Zn - Mg - Sc - Zr 合金再结晶则发生在 550℃。对比 Al - Zn - Mg 合金和Al - Zn - Mg - Sc - Zr 合金，可以发现，在退火过程中，随钪锆含量的增加，合金亚晶界增加速度较快(或大角度晶界降低速度较快)。该现象表明，钪锆添加可提高 Al - Zn - Mg 冷轧合金变形储能，储能在随后退火过程中以晶粒形核或长大的方式得到释放。

　　EBSD 分析可以提供定量的织构数据，图 4 - 8 为研究合金退火过程中主要织构(Cube、Goss、Brass、S 和 Copper)体积百分数变化趋势。EBSD 织构数据与XRD 宏观织构结果基本相同。由图 4 - 8(a)可知，Al - Zn - Mg 合金在退火过程中，轧制织构和 Goss 织构逐渐弱化，Cube 织构体积分数先增加后减小，在 350℃

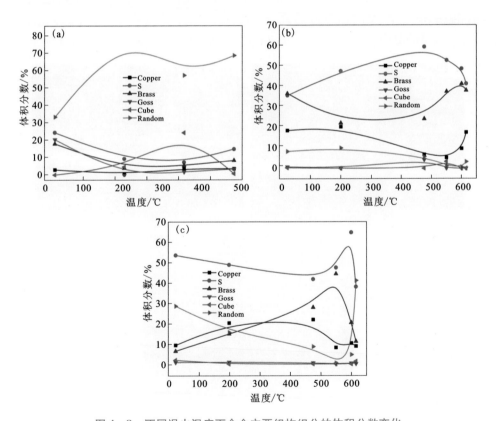

图 4 - 8　不同退火温度下合金主要织构组分的体积分数变化

(a)Al - Zn - Mg 合金; (b)Al - Zn - Mg - 0.10Sc - 0.10Zr 合金; (c)Al - Zn - Mg - 0.25Sc - 0.10Zr 合金

达到最大值，经475℃再结晶退火，晶粒呈随机取向。对于 Al – Zn – Mg – Sc – Zr 合金，其织构组分主要为轧制织构，在退火过程中，S 和 Brass 织构体积分数增长较快，且体积分数相比其他位向较高，这反映了 S 和 Brass 位向为晶粒形核及长大的择优位向。与 XRD 宏观织构结果比较，在 EBSD 微观织构观察中，Al – Zn – Mg – Sc – Zr 合金基本没有观测到 Cube 和 Goss 位向晶粒，该两种位向体积分数几乎为0。

4.3 分析与讨论

4.3.1 冷轧合金显微组织及晶内倾斜线

在轧制过程中，能量以位错的形式储存在合金内，在随后的退火过程中则以回复或再结晶的形式得到释放。图4 – 9 为冷轧研究合金的图像质量图（image quality，IQ）。由图可知，Al – Zn – Mg – Sc – Zr 合金 IQ 质量比 Al – Zn – Mg 合金低，说明 Al – Zn – Mg – Sc – Zr 冷轧合金内密度较高，储能较大。此外，冷轧合金内存在大量的晶内斜线（in – grain inclined lines，IILs），如图4 – 9(a)箭头所示。

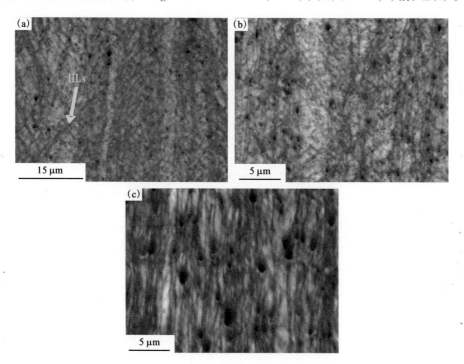

图4 – 9　冷轧合金 IQ 图

（a）Al – Zn – Mg；（b）Al – Zn – Mg – 0.10Sc – 0.10Zr；（c）Al – Zn – Mg – 0.25Sc – 0.10Zr

图 4-10 为研究合金经 200℃ 退火后的 EBSD 分析结果。由图可知,发生少量的回复后,合金内的 IILs 可以更加清晰的观察到[图 4-10(a)、图 4-10(d) 和图 4-10(e)],其中以 Al-Zn-Mg 合金经 200℃ 退火较为清晰,IILs 与轧制方向

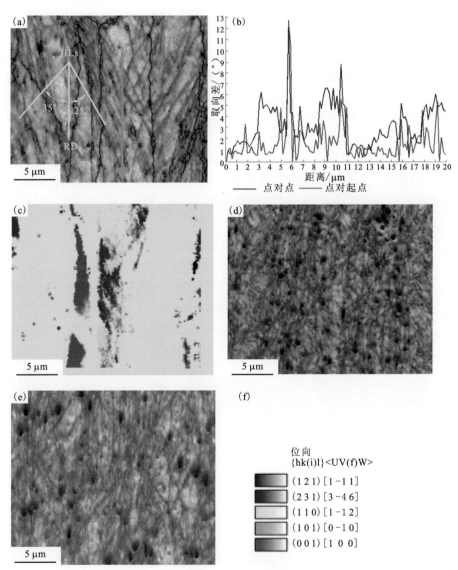

图 4-10 冷轧合金经 200℃ 退火后的 EBSD 分析

Al-Zn-Mg 合金:(a)IQ 图;(b)图 4-10(a) 蓝线对应的位向线扫描;(c)位向图;(d)Al-Zn-Mg-0.10Sc-0.10Zr 合金的 IQ 图;(e)Al-Zn-Mg-0.25Sc-0.10Zr 合金的 IQ 图;(f)图 4-10(c) 不同位向相对应的颜色,颜色的深浅反应位向与理想位向的偏差

呈25°～35°[图4－10(a)]。图4－10(a)晶内 IILs 的位向线扫描结果
[图4－10(b)]显示，这些 IILs 取向差均低于15°，进一步分析表明
[图4－10(c)]，IILs 可出现在任何位向的晶粒内。

4.3.2 Al－Zn－Mg 合金再结晶织构及机制

从4.1节和4.2节的结果可知，随退火温度的升高，Al－Zn－Mg 合金整体织
构密度下降，轧制织构逐渐消失，立方织构先增强后减弱，在350℃下退火立方织
构密度达到最大值。Al－Zn－Mg 合金再结晶形核机制为典型的立方形核，该形
核机理已存在大量研究报道[4-11]，一般认为归因于 S 与 Cube 位向存在 Σ7 型倾
斜晶界，该晶界具有较高的可动性，可快速迁移。350℃下退火的 Al－Zn－Mg 合
金 EBSD 分析结果如图4－11所示。由图可知，大部分亚晶均为立方位向
[图4－11(b)]，说明立方晶粒相比其他位向的晶粒更具有形核优势，且立方晶
粒与周围晶粒间晶界存在较多的 Σ7 型晶界（Cube 和 S 位向的40°＜111＞晶
界），如图4－11(a)箭头 A 和 B 所示。

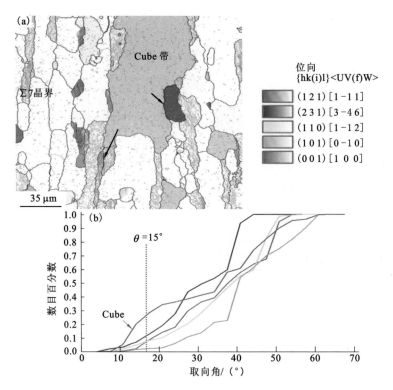

图4－11 Al－Zn－Mg 合金350℃下 EBSD 分析

(a)位向图；(b)不同晶界角下的位向分布；

4.3.3　Al – Zn – Mg – Sc – Zr 合金再结晶织构及机制

4.3.3.1　Al$_3$(Sc, Zr)粒子

在均匀化过程中析出的二次 Al$_3$(Sc, Zr)粒子具有较好的热稳定性，在随后的加工及热处理过程中能保持其密度及尺寸不变（第 3 章）。图 4 – 12 为

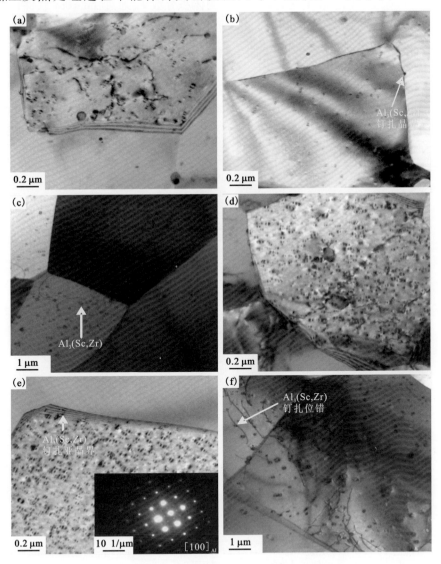

图 4 – 12　不同退火温度下的 Al$_3$(Sc, Zr)弥散质点形貌

Al – Zn – Mg – 0.10Sc – 0.10Zr 合金：(a)475℃；(b)550℃；(c)600℃；
Al – Zn – Mg – 0.25Sc – 0.10Zr 合金：(d)475℃；(e)550℃；(f)600℃

Al – Zn – Mg – Sc – Zr 合金经 475℃、550℃ 及 600℃ 退火后 Al$_3$(Sc, Zr) 粒子形貌。由图可知，在退火过程中，该粒子强烈钉轧位错及亚晶界，抑制再结晶的发生。明场下的 Ashby – Brown 对比度说明该粒子在退火过程中始终保持共格关系。Al$_3$(Sc, Zr) 的平均尺寸通过 TEM 估测，在 475℃ 和 550℃ 下，合金 Al$_3$(Sc, Zr) 粒子平均尺寸约为 25 nm，600℃ 退火后 Al$_3$(Sc, Zr) 粒子明显粗化，其尺寸达到 110 nm。Al$_3$(Sc, Zr) 粒子在不同退火温度下的体积分数 F_V 通过 JMarPro 软件计算得出，并用于随后的定量计算。

4.3.3.2　35°倾斜亚晶墙

从 4.1 小节可知，在退火过程中，Al – Zn – Mg 合金的变形织构被立方织构取代，轧制织构消失，而在 Al – Zn – Mg – Sc – Zr 合金中，轧制织构不但没有消失，其强度反而增强，这就说明了 Al – Zn – Mg – Sc – Zr 合金与 Al – Zn – Mg 合金具有不同的再结晶形核机制。图 4 – 13 为 Al – Zn – Mg – Sc – Zr 合金 475℃ 下退火的 EBSD 分析结果。

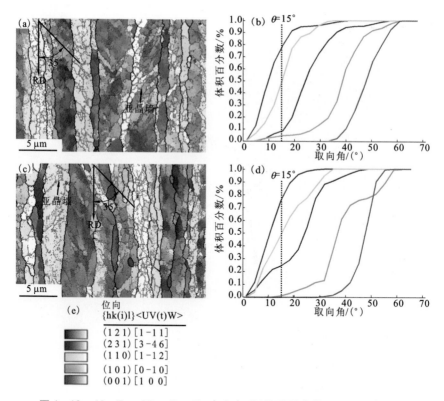

图 4 – 13　Al – Zn – Mg – Sc – Zr 合金在 475℃ 下退火的 EBSD 显微组织
Al – Zn – Mg – 0.10Sc – 0.10Zr：(a)位向图；(b)不同晶界角下的位向分布图；Al – Zn – Mg – 0.25Sc – 0.10Zr：(c)位向图；(d)不同晶界角下的位向分布图；(e)图 4 – 13(a) ~ 图 4 – 13(d)中不同位向对应的颜色，颜色的深浅反应图 4 – 13(a)和图 4 – 13(c)的位向与理想位向的偏差

有趣的是，发现位错胞/亚晶墙与轧制方向呈35°分布，如图4-13(a)中箭头所示。亚晶墙的这种排列方式与4.3.1小节的 IILs 排列方式相似。结合图4-9、图4-10和图4-13，认为35°倾斜的亚晶墙是由 IILs 发展而来的。不过，值得注意的是，本研究中的35°倾斜的亚晶墙尽管由 IILs 演变而来，但是两者是有差别的。IILs 可以在冷轧合金及低温退火的合金中观察得到，但是35°倾斜的亚晶墙只出现在较高温度退火的 Al - Zn - Mg - Sc - Zr 合金中。此外，本研究中的 IILs 或35°倾斜的亚晶墙与经常出现在铝合金中的35°剪切带也是有区别的[12,13]。其两个重要的差异为：(1) IILs 或35°倾斜的亚晶墙的位向角均小于15°，远远小于剪切带的位向差(一般大于40°)；(2)剪切带一般是横跨/经过多个晶粒，而我们研究中的 IILs 或35°倾斜的亚晶均只出现在单个晶内。

关于 IILs 或35°倾斜的亚晶墙的报道基本没有，只有 Samajdar[13]曾经有类似的观察现象。根据 Samajdar 的研究及我们的观察结果，认为 IILs 或35°倾斜的亚晶墙均是因为塑性失稳或应力集中造成的。为了解释为什么35°倾斜的亚晶墙只出现在较高温退火的 Al - Zn - Mg - Sc - Zr 合金中，而 IILs 出现在所有的冷轧及低温退火的研究合金内，应该考虑形成塑性失稳的条件。宏观上，形成塑性不稳的判据为所谓的失稳判据[14]：

$$\frac{1}{\sigma}\left(\frac{\mathrm{d}\sigma}{\mathrm{d}\varepsilon}\right) = \frac{n}{\varepsilon} + \frac{m}{\dot{\varepsilon}}\left(\frac{\mathrm{d}\dot{\varepsilon}}{\mathrm{d}\varepsilon}\right) + \frac{1+n+m}{M}\left(\frac{\mathrm{d}M}{\mathrm{d}\varepsilon}\right) - \frac{m}{\rho}\left(\frac{\mathrm{d}\rho}{\mathrm{d}\varepsilon}\right) \leqslant 0 \qquad (4-1)$$

其中，σ 和 ε 为宏观应力/应变，n 和 m 分别为应变加强指数和应变敏感因子，$\dot{\varepsilon}$ 为应变速率，M 为 Taylor 因子，ρ 为可动位错密度。有趣的是，Dillamore[14]基于织构软化模型成功地预测了在 fcc 金属中与轧制方向呈35°或54°方向上将出现宏观塑性失稳区/剪切带。

根据式(4-1)可知，形成塑性失稳或应力集中主要根据宏观失稳判据判定[14-17]：即式(4-1)的正项小或负项大则易于形成应力集中。因此，利用此判据，可以轻易地解释 IILs 或35°倾斜的亚晶墙在不同合金及不同退火温度下出现的差异。在冷轧状态或低温退火，合金的位错可动性较低，增加了方程(4-1)的负项，当退火温度较高时，则情况相反。因此，低温和高温退火分别有利于和阻碍塑性失稳或应力集中的形成。这就解释了为什么 IILs 在冷轧合金及低温度退火合金均可见。对于 Al - Zn - Mg - Sc - Zr 合金，即使在高温下退火，大量的 Al₃(Sc，Zr)粒子降低了位错的可动性，因此增加了负数项，易于塑性失稳/应力集中。因此，即使在较高温度下退火，Al - Zn - Mg - Sc - Zr 合金中可以观察到35°倾斜的亚晶界墙而 Al - Zn - Mg 合金则不能。除此之外，在高温下退火，Al - Zn - Mg 合金的主要织构为立方织构，而 Al - Zn - Mg - Sc - Zr 合金则为轧制织构。应力集中也取决于织构软化或 $\mathrm{d}M/\mathrm{d}\varepsilon$，基于 Taylor 模型，可知轧制织构的 $\mathrm{d}M/\mathrm{d}\varepsilon$ 为负数而立方织构则为正。因此含钪锆和不含钪锆的 Al - Zn - Mg 合金内织构软化差异也是导致高温退火下 35°倾斜的亚晶界墙可见性差异的重要原因。

倾斜的亚晶即为 Al – Zn – Mg – Sc – Zr 合金的再结晶晶核，在更高温度下退火将发生长大。从图 4 – 13(b)和图 4 – 13(d)可知，S 和 Brass 位向亚晶数目百分数较高，这说明在 S 和 Brass 位向的晶粒具有形核优势。

4.3.3.3　再结晶形核定量模型

从 XRD 宏观织构测量结果可知，在 Al – Zn – Mg – Sc – Zr 合金中，β 变形织构和立方织构随退火温度的升高而逐渐加强，然而，在 EBSD 微观织构观察中并没有观察到立方织构，这可能是由于 EBSD 的扫描范围有限没有扫描到大的立方晶粒。但是宏观织构和微观织构结果均表明，在退火过程中，S 和 Brass 织构相对于 Copper 织构具有较高的强度水平及体积分数，随退火温度升高，其具有较快的增长速度，是再结晶晶胚的择优位向。

为了找出为什么 S 和 Brass 织构相对于其他织构(特别是 Copper 位向)在再结晶退火过程中具有较高的体积分数及增长速度，及轧制织构在 Al – Zn – Mg – Sc – Zr 合金的退火过程中不同于 Al – Zn – Mg 合金逐渐消失而是反而增强，需要分析钪锆添加对 Al – Zn – Mg 合金的影响，这主要表现为 $Al_3(Sc, Zr)$ 粒子对 Al – Zn – Mg 合金再结晶织构及机制的影响。

考虑的两种形核位置：①具有回复优势(或者是晶界能优势)的形核位置，这意味着处于这些位置的亚晶在退火之前已经获得临界亚晶尺寸或者在随后的退火初始阶段能够快速获得临界尺寸，这种回复优势主要表现为立方形核[123,124,18-23]；②需要大量的静态回复时间来获取临界尺寸的形核位置，主要表现为粒子诱发形核(PSN)[24-28]。

立方位向晶粒或不同轧制位向晶粒内的亚晶，要达到临界尺寸弓出形核并向周围的基体长大，其所需的尺寸表示如下：

$$\delta_c = \frac{4\gamma_{GB}}{P_D - P_Z} \tag{4 – 2}$$

其中，γ_{GB} 为晶核与变形基体的比晶界能，根据参考文献[10,29]，其值约为 0.32 J/m^2；P_Z 为弥散质点 Zener 钉扎力；P_D 为驱动力，也即储能。

计算再结晶驱动力是一个比较复杂的过程，在变形的稳定阶段，等轴的亚晶逐渐发展成位错网状结构，因此在亚晶中存在或多或少的均匀分布的位错，计算这种复杂结构的平均储能参照文献[30]可表示如下：

$$P_D = \alpha \frac{\gamma_{SB}}{\delta_{SB}} + \rho \Gamma \tag{4 – 3}$$

其中，γ_{SB} 为亚晶界能，δ_{SB} 为亚晶尺寸，ρ 为亚晶内的位错密度，Γ 为位错线张量，α 为几何常数。亚晶界能可以通过 Read – Schockley 方程计算[31]。

$$\gamma_{SB} = \frac{Gb\theta}{4\pi(1-v)} \ln\left(\frac{e\theta_c}{\theta}\right) \qquad (4-4)$$

其中，G 为剪切模量，v 为泊松比，b 为伯格斯矢量，θ 为亚晶位相差，θ_c 为大角度晶界临界位相差。

在稳定的变形过程中，亚晶内的位错密度与亚晶尺寸的关系如下[30]

$$\sqrt{\rho} = C_P \frac{1}{\delta_{SB}} \qquad (4-5)$$

其中，C_P 为常数，取 5。

位错线张量可通过如下公式估算：

$$\Gamma = 0.5Gb^2 \qquad (4-6)$$

因此，结合公式（4-3）~公式（4-6），再结晶驱动力可推导为：

$$P_D = \frac{Gb}{\delta_{SB}}\left[\frac{\alpha\theta}{4\pi(1-v)}\ln\left(\frac{e\theta_c}{\theta}\right) + 0.5C_P^2\frac{b}{\delta}\right] \qquad (4-7)$$

由弥散质点引起的 Zener 钉扎力为：

$$P_Z = \frac{3\gamma_{GB}f_v}{D} \qquad (4-8)$$

其中，f_v 和 D 分别为弥散质点的体积分数和尺寸。因此，结合方程（4-2）、方程（4-7）和方程（4-8），可以得到临界亚晶尺寸。

在使用以上模型之前，值得注意的是，首先，使用 Read-Schockley 方程计算驱动力的亚晶界能是从亚晶尺寸和位相差获取的[31]，且只有存在于加工状态下的储能才能作为随后再结晶的驱动力。从图 4-14 可知，Al-Zn-Mg-Sc-Zr 冷轧合金由大量的位错构成，合金内不存在亚晶，不能使用 Read-Schockley 方程进行储能计算。因此，需要选定一退火状态，在该状态下加工储能只得到少量释放且已形成亚晶，然后用此状态下的储能近似估算再结晶驱动力；其次，用于研究的 Al-Zn-Mg-Sc-Zr 合金为高度合金化的合金，在较低温度下的等温退火的过程中合金会析出非平衡相，如研究中报道的 T[Mg$_{32}$(Al, Zn)$_{49}$] 相[32]。如此一来，非平衡相将干扰 Al$_3$(Sc, Zr) 粒子对再结晶的影响，因此，也应该寻找一退火状态，在此退火温度下非平衡相已基本溶入合金基体内，只剩下 Al$_3$(Sc, Zr) 粒子。Al-Zn-Mg 合金的固溶温度为 470℃（见第 5 章），因此高于此温度退火，非平衡相基本溶入基体，只存在 Al$_3$(Sc, Zr) 单独作用。结合以上两点，选取 475℃下的储能近似估算再结晶驱动力。

在不同退火温度下的 Al$_3$(Sc, Zr) 粒子的尺寸已在 4.3.3.1 节中讲述，其体积分数 F_v 和计算的 Zener 钉扎力 P_Z 如表 4-1 所示。由表可知，随退火温度的升高，由于 Al$_3$(Sc, Zr) 体积分数减小，粒子粗化，由该粒子引起的 Zener 钉扎力显著降低。

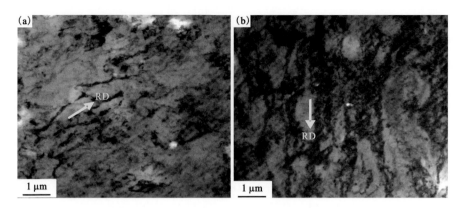

图 4 - 14 冷轧合金的 TEM 显微组织

(a)Al - Zn - Mg - 0. 10Sc - 0. 10Zr 合金；(b)Al - Zn - Mg - 0. 25Sc - 0. 10Zr 合金

表 4 - 1 $Al_3(Sc，Zr)$ 粒子不同退火温度下的体积分数 F_v 及 Zener 钉扎力

合金	475℃		550℃		600℃	
	$F_v/\%$	$P_D/$ $(kJ \cdot m^{-3})$	$F_v/\%$	$P_D/$ $(kJ \cdot m^{-3})$	$F_v/\%$	$P_D/$ $(kJ \cdot m^{-3})$
Al - Zn - Mg - 0. 10Sc - 0. 10Zr	0. 34	130. 6	0. 20	76. 8	0. 04	3. 5
Al - Zn - Mg - 0. 25Sc - 0. 10Zr	0. 70	268. 8	0. 56	215. 0	0. 41	35. 8

通过 EBSD 数据，可以获取不同退火温度下合金的亚晶尺寸及不同位向的取向差，使用方程 4 - 2 至 4 - 7 可计算得到亚晶界能，驱动力及研究合金的临界亚晶尺寸，结果如表 4 - 2 和表 4 - 3 所示。由表可知，Al - Zn - Mg - Sc - Zr 合金驱动力为 400 ~ 850 kJ · m^{-3}，与已报道的使用不同测试方法测得的其他合金的驱动力值稍高[33]。认为本合金较高的储能来自于钪锆的影响，因为在变形过程中 Al$_3$(Sc，Zr)粒子能有效钉轧位错，稳定亚结构，致使较高的轧制能量得到保留。.

结合图 4 - 13、表 4 - 2 和表 4 - 3 可知，具有较高驱动力的位向为亚晶形核的择优位向。S 位向拥有最高的驱动力，在经 475℃退火的合金中 S 位向的亚晶最多(图 4 - 13)。因此，认为 Al - Zn - Mg - Sc - Zr 合金的形核机制为高储能形核，这种形核方式在文献中已有报道[34 - 39]。高储能形核是基于高的位错密度可以快速回复转变为可见晶核的机制。由于 S 位向和 Brass 位向晶粒储能较高，因此该两种位向的变形晶粒内的晶核具有形核优势，在退火过程中可以快速形核长大为可见亚晶, 增加了 S 和 Brass 位向晶粒的数目, 提高了合金内 S 和 Brass 织构体积分数。

表 4-2　Al-Zn-Mg-0.10Sc-0.10Zr 合金不同退火温度下亚晶界
取向差 θ, 尺寸 δ_{SB}, 亚晶界能 γ_{SB}, 驱动力 P_D 及亚晶尺寸 $\delta_{临界}$

织构组元	475℃				
	$\theta/(°)$	$\delta_{SB}/\mu m$	$\gamma_{SB}/(J \cdot m^{-2})$	$P_D/(kJ \cdot m^{-3})$	$\delta_{临界}/\mu m$
S	3.78	0.72	0.14	645.8	2.5
Brass	4.15	0.78	0.15	619.3	2.6
Copper	3.71	0.85	0.14	527.5	3.2

织构组元	550℃		600℃	
	$\theta/(°)$	$\delta_{SB}/\mu m$	$\theta/(°)$	$\delta_{SB}/\mu m$
S	3.44	1.09	3.80	3.69
Brass	4.62	1.20	5.47	13.85
Copper	2.96	1.23	6.80	7.59

表 4-3　Al-Zn-Mg-0.25Sc-0.10Zr 合金不同退火温度下
亚晶界取向差 θ, 尺寸 δ_{SB}, 亚晶界能 γ_{SB}, 驱动力 P_D 及亚晶尺寸 $\delta_{临界}$

织构组元	475℃				
	$\theta/(°)$	$\delta/\mu m$	$\gamma_{SB}/(J \cdot m^{-2})$	$P_d/(kJ \cdot m^{-3})$	$\delta_{临界}/\mu m$
S	2.88	0.49	0.12	848.1	2.2
Brass	3.30	0.74	0.13	576.7	4.2
Copper	3.55	1.06	0.14	407.8	9.2

织构组元	550℃		600℃	
	$\theta/(°)$	$\delta_{SB}/\mu m$	$\theta/(°)$	$\delta_{SB}/\mu m$
S	3.54	1.50	5.18	6.48
Brass	3.12	1.45	5.63	7.1
Copper	3.62	1.79	12.6	12.79

此外, 从表 4-2 和表 4-3 可以看出, 随退火温度的升高, 亚晶的尺寸及取向差增加。不同位向所对应的临界亚晶尺寸不同, 在退火过程中, S 位向晶粒具

有较低的亚晶界取向差,较小的亚晶尺寸及临界亚晶尺寸。这是因为,较高的储能使合金具有较大的形核率,增加了 S 位向晶粒内亚晶数量,降低了亚晶尺寸。由表可知,在 550℃ 及其以下温度退火,合金内各位向晶粒对应的实际亚晶尺寸均小于相应的临界亚晶尺寸,当退火温度达到 600℃ 时,合金各位向晶粒的亚晶尺寸大于对应的临界亚晶尺寸,因此,在 550℃ 及其以下退火,变形晶粒内的亚晶要弓出并向周围基体迁移是有难度的,当退火温度达到 550 ~ 600℃ 后,由于 $Al_3(Sc, Zr)$ 显著粗化,Zener 钉扎力大幅降低,长大的亚晶达到其临界亚晶尺寸,迅速向周围基体迁移,再结晶发生。也就是说,在 550℃ 及其以下温度退火,Al – Zn – Mg – Sc – Zr 合金只发生了回复,回复使变形晶粒内的亚晶快速形核长大,因此,具有轧制织构位向的晶粒迅速增加,合金的轧制织构强度增强,当退火温度为 550 ~ 600℃ 时,再结晶发生,亚晶合并,合金大角度晶界迅速增加,小角度晶界快速减小。

在 EBSD 观察中,没有发现立方晶粒,因此不能提供立方晶粒的驱动力及相关定量信息。但是从我们的宏观 XRD 实验结果可知,Al – Zn – Mg – Sc – Zr 合金中是存在立方织构的。在 550℃ 及其以上退火,合金的立方织构密度是随退火温度的增加而增加的。根据文献[9, 10, 40]可知,立方位向的储能大大小于 β 轧制织构位向,根据的定量模型可知,Al – Zn – Mg – Sc – Zr 合金的形核机制为高能形核,因此在低于 550℃ 下退火,立方位向的晶粒形核受到抑制,当退火温度达到 550℃ 时,Zener 钉扎力减弱,立方位向晶粒形核,立方亚晶数目增加,因此合金立方织构密度增强。综上所述,我们的定量模型与我们的实验结果是一致的。

4.3.3.4 晶粒长大

图 4 – 15 为 615℃ 下退火的 Al – Zn – Mg – Sc – Zr 合金 EBSD 分析结果。尽管还存在 Brass 和 S 位向的亚晶,但是可以明显地观察到再结晶晶粒。结合 600℃ 下合金的显微组织,我们可以发现,β 织构位向的晶粒相比于随机位相的晶粒具有较低的长大速率。根据 Doherty[40, 41]提出的"变体抑制"理论,轧制晶粒沿轧制方向拉长,在厚度方向轧制位向的晶粒很难长大。因为,轧制变形晶粒内的亚晶具有母体相同或相近的位向(轧制位向变体),因此,在厚度方向,轧制位向的晶粒遇到拥有轧制位向相近的位向晶粒时,两位向晶粒的晶界为小角度晶界,可动性很低,较难迁移,即使在较高的退火温度下,轧制位向的亚晶粒也是很难长大的。但是,对于随机位向的晶粒,由于随机位向的晶粒与随机位向的晶粒及变形位向的晶粒存在大角度晶界,容易发生大角度晶界迁移,促进晶粒长大。另外,我们发现,随机位向的晶粒间存在 Σ7 型晶界,这进一步促进随机位向晶粒向周围基体迁移长大。随机位向晶粒的出现降低了合金的整体织构密度。

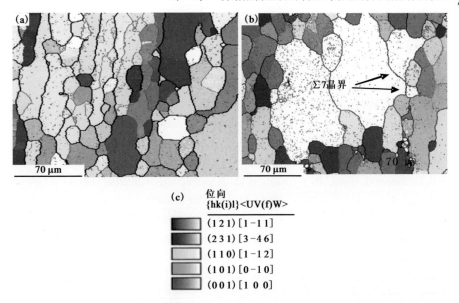

图 4 – 15　615℃下退火 Al – Zn – Mg – Sc – Zr 合金的 EBSD 分析
（a）Al – Zn – Mg – 0.10Sc – 0.10Zr；（b）Al – Zn – Mg – 0.25Sc – 0.10Zr；（c）图 4 – 15（a）~
图 4 – 15（b）中不同位向对应的颜色，颜色的深浅反应图中位向与理想位向的偏差

参考文献

［1］ C. B. Fuller, A. R. Krause, D. C. Dunand, et al. Microstructure and mechanical properties of a 5754 aluminum alloy modified by Sc and Zr additions ［J］. Materials Science and Engineering A, 2002, 338: 8 – 16.

［2］ L. M. Wu, W. H. Wang, Y. F. Hsub, et al. Effects of homogenization treatment on recrystallization behavior and dispersoid distribution in an Al – Zn – Mg – Sc – Zr alloy［J］. Journal of Alloys and Compounds, 2008, 456: 163 – 169.

［3］ C. B. Fuller, D. N. Seidman, D. C. Dunand. Mechanical properties of Al（Sc, Zr）alloys at ambient and elevated temperatures［J］. Acta Materialia, 2003, 51: 4803 – 4814.

［4］ H. Jazaeri, F. J. Humphreys. The transition from discontinuous to continuous recrystallization in some aluminium alloys: I – the deformed state ［J］. Acta Materialia, 2004, 52（11）: 3239 – 3250.

［5］ H. Jazaeri, F. J. Humphreys. The transition from discontinuous to continuous recrystallization in some aluminium alloys: II – annealing behaviour ［J］. Acta Materialia, 2004, 52（11）: 3251 – 3262.

［6］ J. Hjelen, R. Orsund, E. Nes. On the origin of recrystallization textures in aluminium［J］. Acta Metallurgica et Materialia, 1991, 39: 1377 – 1404.

［7］F. J. Humphreys, M. G. Ardakani. The deformation of particle – containing aluminium single crystals［J］. Acta Metallurgica et Materialia, 1994, 42: 749 – 741.

［8］M. L. Taheri, D. Molodov, G. Gottstein, et al. Grain boundary mobility under a stored – energy driving force: a comparison to curvature – driven boundary migration［J］. Zeitschrift für Metallkunde, 2005, 96(10): 1166 – 1170.

［9］H. E. Vatne, R. E. Shahanf, Nes. Deformation of cube – oriented grains and formation of recrystallized cube grains in a hot deformed commercial AlMgMn aluminium alloy［J］. Acta Materialia, 1996, 44(11): 4447 – 4462.

［10］H. E. Vatne, T. Furu, R. ? rsund, et al. Modelling recrystallization after hot deformation of aluminium［J］. Acta Materialia, 1996, 44(11): 4463 – 4473.

［11］H. E. Vatne, S. Benum, O. Daaland, et al. The effect of particles on recrystallization textures and microstructures［J］. Textures and Microstructures, 1996, 26 – 27: 385.

［12］A. Duckham, O. Engler, R. D. Knutsen. Moderation of the recrystallization texture by nucleation at copper – type shear bands in Al – 1Mg［J］. Acta Materialia, 2002, 50(11): 2881 – 2893.

［13］I. Samajdar, R. D. Doherty. Cube recrystallization texture in warm deformed aluminum: understanding and prediction［J］. Acta Materialia, 1998, 46(9): 3145 – 3158.

［14］I. L. Dillamore, J. G. Roberts, A. C. Bush. Occurrence of shear bands in heavily rolled cubic metals［J］. Metal Science, 1979; 13(2): 73 – 77.

［15］W. C. Liu, J. G. Morris. Recrystallization textures of the M｛1 1 3｝〈1 1 0〉 and P｛0 1 1｝ 〈4 5 5〉 orientations in a supersaturated Al – Mn alloy［J］. Scripta Materialia, 2007, 56(3): 217 – 220.

［16］H. Jazaeri, F. J. Humphreys. Quantifying recrystallization by electron backscatter diffraction［J］. Journal of Microscopy, 2004, 213(3): 241 – 246.

［17］I. Samajdar, P. Ratchev, B. Verlinden, et al. Hot working of AA1050 – relating the microstructural and textural developments［J］. Acta Materialia, 2001, 49(10): 1759 – 1769.

［18］M. H. Alvi, S. W. Cheong, J. P. Suni, et al. Cube texture in hot – rolled aluminum alloy 1050 (AA1050) – nucleation and growth behavior［J］. Acta Materialia, 2008, 56(13): 3098 – 3108.

［19］de La Chapelle S. Cube texture in hot – rolled aluminum alloy 1050 (AA1050) – nucleation and growth behavior［J］. Scripta Materialia, 2001, 45(12): 1387 – 1391.

［20］O. Daaland, E. Nes. Recrystallization texture development in commercial Al – Mn – Mg alloys ［J］. Acta Materialia, 1996, 44(4): 1413 – 1435.

［21］J. Li, W. C. Liu, T. Zhai, et al. Comparison of recrystallization texture in cold – rolled continuous cast AA5083 and 5182 aluminum alloys［J］. Scripta Materialia, 2005, 52(3): 163 – 168.

［22］I. Samajdar, P. Ratchev, B. Verlinden, et al. Dislocation cell formation and hot ductility in an Al – Mg – Cu alloy［J］. Materials Science and Engineering A, 1998, 247(1 – 2): 58 – 66.

[23] P. Wagner, O. Engler, K. Lücke. Formation of Cu – type shear bands and their influence on deformation and texture of rolled fcc {112} < 111 > single crystals[J]. Acta Metallurgica et Materialia, 1995, 43(10): 3799 – 3812.

[24] O. Daaland, E. Nes. Recrystallization texture development in commercial Al – Mn – Mg alloys [J]. Acta Materialia, 1996, 44(4): 1413 – 1435.

[25] O. Engler, J. Hirsch, K. Lticke. Texture development in Al – 1.8% Cu depending on the precipitation state – II. Recrystallization textures[J]. Acta Metallurgica et Materialia, 1995, 43 (1): 121 – 138.

[26] F. J. Humphreys. The nucleation of recrystallization at second phase particles in deformed aluminium[J]. Acta Metallurgica et Materialia, 1977, 25(11): 1323 – 1344.

[27] F. J. Humphreys. Local lattice rotations at second phase particles in deformed metals[J]. Acta Metallurgica et Materialia, 1979, 27: 1801 – 1814.

[28] D. J. Jensen, N. Hansen, F. J. Humphreys. Texture development during recrystallization of aluminium containing large particles[J]. Acta Metallurgica, 1985, 33(12): 2155 – 2162.

[29] J. Gil Sevillano, P. Van Houtte, E. Aernoudt. Large strain work hardening and textures[J]. Progress in Materials Science, 1981, 25(2 – 4): 69 – 134.

[30] A. A. Ridha, W. B. Hutchinson. Recrystallisation mechanisms and the origin of cube texture in copper[J]. Acta Metallurgica et Materialia, 1982, 30(10): 1929 – 1939.

[31] W. T. Read, W. Shockley. Dislocation models of crystal grain boundaries [J]. Physical Review, 1950, 78(3): 275 – 289.

[32] Ying Deng, Zhimin Yin, Jiaqi Duan, et al. Evolution of microstructure and properties in a new type 2 mm Al – Zn – Mg – Sc – Zr alloy sheet[J]. Journal of Alloys and Compounds, 2012, 517: 118 – 126.

[33] G. Guiglionda, A. Borbély, J. H. Driver. Orientation – dependent stored energies in hot deformed Al – 2.5% Mg and their influence on recrystallization[J]. Acta Mater, 2004, 52 (12): 3413 – 23.

[34] F. R. Castro – Fernandez, C. M. Sellars, J. A. Whitemann. Changes of flow stress and microstructure during hot deformation of Al – 1Mg – 1Mn [J]. Materials Science and Technology, 1990, 6(5): 453 – 460.

[35] M. J. Jones, F. J. Humphreys. Interaction of recrystallization and precipitation: The effect of Al3Sc on the recrystallization behaviour of deformed aluminium[J]. Acta Metallurgica, 2003, 51(8): 2149 – 2159.

[36] P. S. Bate, Y. Huang, F. J. Humphreys. Development of the "brass" texture component during the hot deformation of Al – 6Cu – 0.4Zr[J]. Acta Metallurgica, 2004, 52(14): 4281 – 4289.

[37] S. H. Hong, D. N. Lee. The evolution of the cube recrystallization texture in cold rolled copper sheets[J]. Materials Science and Engineering A, 2003, 351(1 – 2): 133 – 147.

[38] F. J. Humphreys, M. Hatherly. Recrystallization and related annealing phenomena. Oxford: Pergamon, 2004.

[39] L. Kestens, J. J. Jonas. Modeling texture change during the static recrystallization of interstitial free steels[J]. Metallurgical and Materials Transactions A, 1996, 27(1): 155 – 164.

[40] R. D. Doherty, D. A. Hughes, F. J. Humphreys, et al. Current issues in recrystallization: a review[J]. Materials Science and Engineering A, 1997, 238(2): 219 – 274.

[41] R. D. Doherty, I. Samajdar, C. T. Necker, H. E. Vatne, E. Nes, in: N. Hansen, D. Juul Jensen, Y. L. Liu, B. Ralph (Eds.), Microstructural and Crystallographic Aspects of Recrystallization, 16 Risø International Symposium on Materials Science, Risø National Lab., Roskilde, Denmark, 1995.

第 5 章　固溶 – 时效工艺优化及钪锆微合金化强化机理

　　作为可热处理时效强化的铝锌镁合金，固溶时效工艺决定合金板材的最终力学性能。固溶处理的主要目的是使轧制过程中形成的粗大非平衡相尽可能最大程度地溶入到固溶体基体中，提高溶质原子在基体中的过饱和固溶度，进而增加时效过程的相变驱动力，以便时效时析出尽可能多的时效相。时效工艺则是控制时效析出相析出特征的关键因素。本章结合力学性能测试及显微组织观察手段，研究实验合金在不同固溶时效工艺下组织性能演变规律，优化出合金板材固溶 – 时效工艺，在此基础上，探讨铝锌镁合金中钪锆复合微合金化强化机理。

5.1　冷轧板材显微组织

5.1.1　DSC 分析

　　三种冷轧态合金 DSC 分析结果如图 5 – 1 所示。由图可知，冷轧合金最低的熔化峰均出现在 493℃左右，因此研究合金的最高固溶温度不应超过此温度。

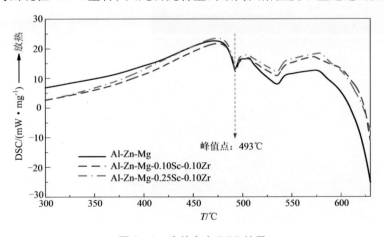

图 5 – 1　冷轧合金 DSC 结果

5.1.2　扫描电子显微组织及能谱分析

冷轧板材扫描电子显微组织及能谱分析结果如图 5 – 2 和表 5 – 1 所示。结果表明，三种冷轧合金内均存在两种非平衡相，一种为富 Zn、Mg 的铝化物，另外一

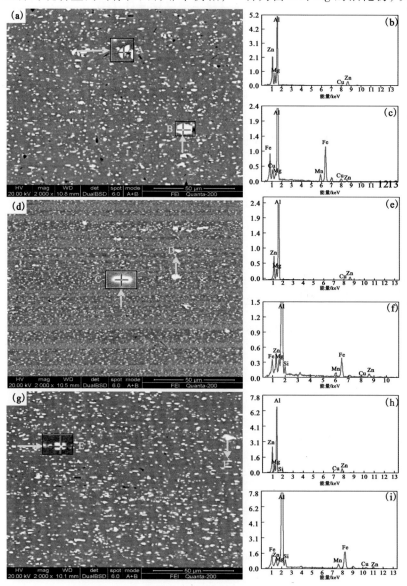

图 5 – 2　冷轧合金扫描背散射电子显微分析

Al – Zn – Mg 合金：(a)SEM；(b)图(a)A 点 EDS；(c)图(a)B 点 EDS；Al – Zn – Mg – 0.10Sc – 0.10Zr 合金：(d)SEM；(e)图(d)C 点 EDS；(f)图(d)D 点 EDS；Al – Zn – Mg – 0.25Sc – 0.10Zr 合金：(g)SEM；(h)图(g)E 点 EDS；(i)图(g)F 点 EDS

种为富 Fe、Si、Mn 的杂质相，非平衡相均沿轧向呈流线分布。

表 5 – 1　图 5 – 2 所对应的二次相化学成分（原子百分数/%）

相	Al	Zn	Mg	Cu	Fe	Mn	Si
A	77.59	11.58	9.80	1.03	0	0	0
B	80.44	1.43	1.51	2.08	12.28	2.27	0
C	85.78	7.18	6.65	0.40	0	0	0
D	86.95	2.12	2.20	0.60	4.90	1.08	2.14
E	74.52	13.39	10.90	1.18	0	0	0
F	82.24	1.20	1.39	0.92	8.96	1.83	3.45

5.1.3　物相分析

冷轧合金的 X 射线物相分析结果如图 5 – 3 所示。由图可知，三种冷轧合金内物相组分相同，均由大量的 $T[Mg_{32}(Al, Zn)_{49}]$ 相，少量的 $\eta(MgZn_2)$ 相和 $\alpha(Al)$ 铝基体构成。结合图 5 – 2、表 5 – 1 及图 5 – 3 可知，扫描电子显微组织中的富 Zn、Mg 的铝化物即为 $T[Mg_{32}(Al, Zn)_{49}]$ 相。

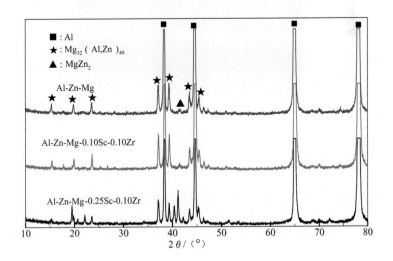

图 5 – 3　冷轧合金 XRD 结果

5.1.4 透射电子显微组织

冷轧合金透射电子显微组织如图 5 - 4 所示,由图可知,冷轧态合金内存在大量的位错网络,且位错网络沿轧向分布。

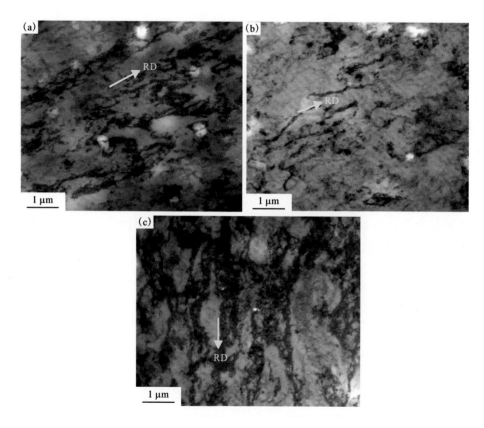

图 5 - 4 冷轧合金板材 TEM 显微组织

(a)Al - Zn - Mg 合金;(b)Al - Zn - Mg - 0.10Sc - 0.10Zr 合金;(c)Al - Zn - Mg - 0.25Sc - 0.10Zr 合金

5.2 固溶处理对合金冷轧板材性能组织的影响

5.2.1 力学性能

固溶温度越高,轧制过程中形成的非平衡相越容易消除,但是过高的固溶温度则会使合金产生过烧。从 DSC 分析结果可知,研究合金固溶温度最高不应超过493℃,因此,对冷轧薄板在 450℃、460℃、470℃、480℃及 490℃下固溶处理

0.5 h、1 h 和 1.5 h，固溶处理在盐浴炉中进行，随后快速水淬，转移时间≤2s。

　　在不同固溶温度下，固溶处理 1 h 经 120℃/24 h 时效后板材力学性能如图 5－5 所示。由图可知，三种合金板材力学性能随固溶温度的变化规律基本相同。随固溶温度的升高，合金的强度和延伸率均先升后降，经 470℃ 固溶处理后，三种合金板材均具有较好的综合力学性能。此外，对比三种研究合金可以发现，随钪含量的增加，Al－Zn－Mg 合金板材强度逐步提高，塑性稍有降低。

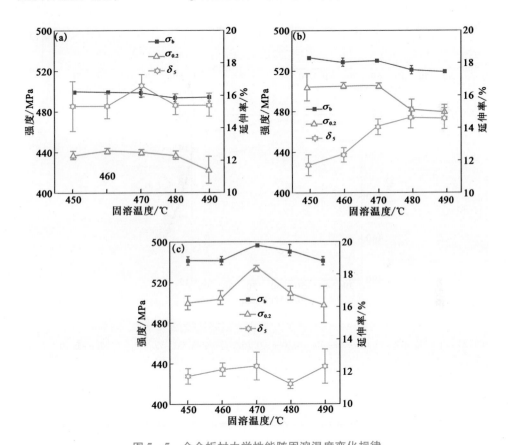

图 5－5　合金板材力学性能随固溶温度变化规律

(a) Al－Zn－Mg 合金；(b) Al－Zn－Mg－0.10Sc－0.10Zr 合金，(b) Al－Zn－Mg－0.25Sc－0.10Zr 合金

　　合金板材在 470℃ 下固溶不同时间后经 120℃/24 h 时效的力学性能如图 5－6 所示。由图可知，三种合金板材力学性能随固溶时间的变化规律基本相同。随固溶时间的延长，合金板材强度和延伸率均先升后降，经固溶处理 1 h 后三种合金板材具有较好的综合力学性能。因此试验合金板材的最佳固溶处理工艺为：470℃/1 h。

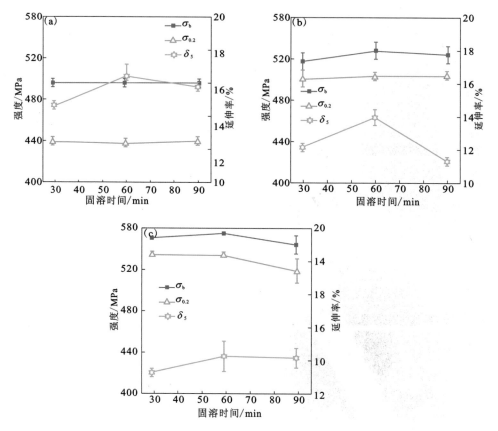

图 5 - 6   冷轧合金力学性能随固溶时间变化规律

（a）Al - Zn - Mg 合金；（b）Al - Zn - Mg - 0. 10Sc - 0. 10Zr 合金；（c）Al - Zn - Mg - 0. 25Sc - 0. 10Zr 合金

5.2.2   显微组织

经 470℃/1 h 固溶处理后冷轧合金的扫描电子显微组织及能谱分析结果如图 5 - 7 所示。由图可知，三种固溶态合金显微组织基本相同，合金内的富 Zn、Mg 非平衡相已基本回溶入铝基体中，只剩下少量的富 Fe、Si、Mn 难溶杂质相，该残留相沿轧向分布。

经 470℃/1 h 固溶处理后，三种合金的 X 射线物相分析结果如图 5 - 8 所示。对比图 5 - 3 可知，经固溶处理后合金内的 T[Mg$_{32}$(Al, Zn)$_{49}$] 相和 η(MgZn$_2$) 相均已完全回溶入基体中，基体为过饱和固溶体。

冷轧合金经 470℃/1 h 固溶处理后的透射电子显微组织如图 5 - 9 所示。对比图 5 - 4，经固溶处理后，Al - Zn - Mg 合金已发生再结晶，而 Al - Zn - Mg - Sc - Zr

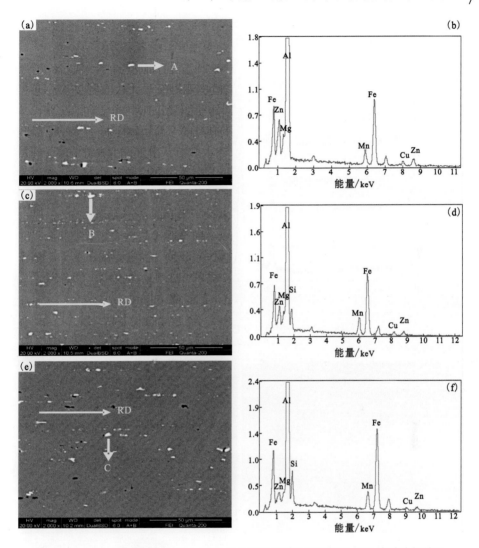

图 5 - 7　冷轧合金经 470℃/1 h 固溶处理后的扫描电子显微组织及能谱分析结果
Al - Zn - Mg 合金：(a)SEM；(b)图 5 - 7(a)A 点对应 EDS；Al - Zn - Mg - 0.10Sc - 0.10Zr 合金：
(c)SEM；(d)图 5 - 7(b)B 点对应 EDS；Al - Zn - Mg - 0.25Sc - 0.10Zr 合金：(e)SEM；
(f)图 5 - 7(e)C 点对应 EDS

则由竹节状的亚晶构成，见图 5 - 9(a)至图 5 - 9(c)，经放大观察可以发现
Al - Zn - Mg - Sc - Zr 合金内存在大量细小弥散的 $Al_3(Sc, Zr)$ 粒子，该粒子明场
下的 Ashby - Brown 衬度证明其与基体共格[图 5 - 9(d) ~ 图 5 - 9(e)]，该粒子
对应衍射花样如图 5 - 9(f)所示。图 5 - 9 说明，共格弥散的 $Al_3(Sc, Zr)$ 粒子是
Al - Zn - Mg - Sc - Zr 合金经固溶处理后仍保持亚晶结构的根本原因。

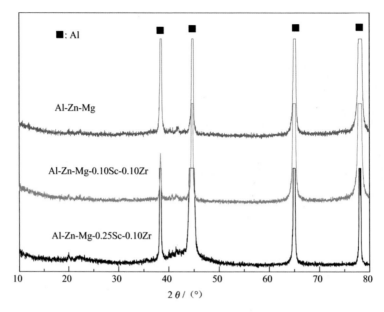

图 5 – 8　冷轧板材经 470℃/1 h 固溶处理后的 XRD

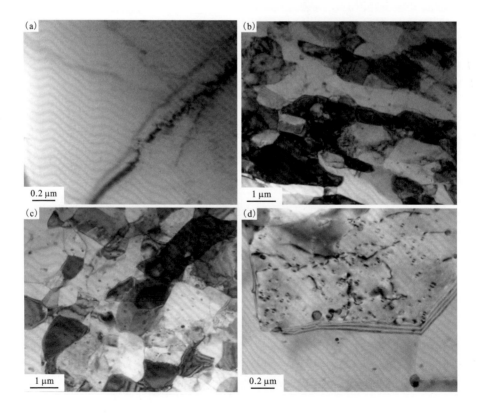

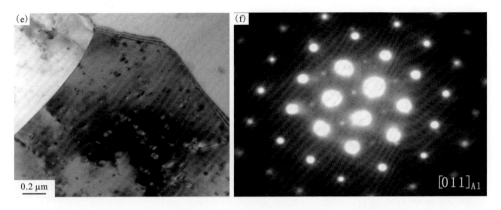

图 5 – 9　冷轧板材经 470℃/1 h 固溶处理后的 TEM 显微组织

(a) Al – Zn – Mg 合金；(b) 和 (d) Al – Zn – Mg – 0. 10Sc – 0. 10Zr 合金；

(c)，(e) 和 (f) Al – Zn – Mg – 0. 25Sc – 0. 10Zr 合金

5.3　时效处理对合金性能组织的影响

5.3.1　时效硬化曲线

时效处理采取单级时效工艺，时效处理温度为 100℃、110℃、120℃ 及 130℃，时效时间为 10 min ~ 36 h。时效处理在鼓风干燥箱中进行。固溶时效后样品进行性能及显微组织观察。

研究合金经 470℃/1 h 固溶处理后在 120℃ 下的时效硬化曲线如图 5 – 10 所示。

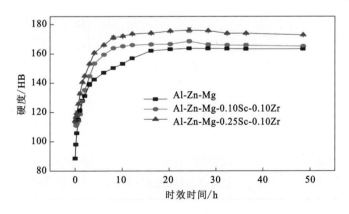

图 5 – 10　研究合金时效硬化曲线

由图可知，三种合金均显示出典型的时效硬化行为。随时效时间的延长，合金的硬度先快速增加后变化平缓，最后逐渐降低。经 120℃/24 h 时效处理后，合金硬度达到峰值。此外，随钪锆添加量的增加，Al‒Zn‒Mg 合金硬度升高。

5.3.2　力学性能

经 470℃/1 h 固溶处理后，在不同时效温度下时效 24 h 后合金力学性能如图 5‒11 所示。由图可知，三种合金力学性能随时效温度的变化规律基本相同。随时效温度的升高，合金强度先升后降，塑性则单调降低。经 120℃/24 h 时效，三种合金均获得较高的综合力学性能。此外，钪锆添加提高了 Al‒Zn‒Mg 合金强度，降低了合金塑性。

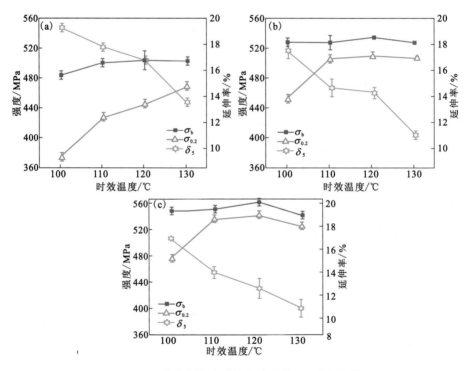

图 5‒11　合金板材力学性能随时效温度变化规律

（a）Al‒Zn‒Mg 合金；（b）Al‒Zn‒Mg‒0.10Sc‒0.10Zr 合金；（c）Al‒Zn‒Mg‒0.25Sc‒0.10Zr 合金

研究合金 120℃下时效的力学性能随时效时间变化规律如图 5‒12 所示。由图可知，三种合金强度随时效时间变化规律与硬度随时效时间变化规律相同。随时效时间的延长，合金的强度先快速提高后变化平缓或稍有降低，延伸率单调下降。经 24 h 时效处理后，合金强度达到峰值。因此，三种合金板材合适的峰时效工艺为 120℃/24 h。

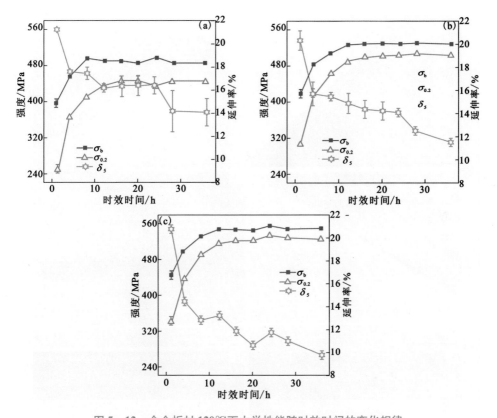

图 5 – 12　合金板材 120℃下力学性能随时效时间的变化规律

（a）Al – Zn – Mg 合金；（b）Al – Zn – Mg – 0. 10Sc – 0. 10Zr 合金；（c）Al – Zn – Mg – 0. 25Sc – 0. 10Zr 合金

5.3.3　显微组织

　　三种研究合金在 120℃下时效不同时间的透射电子显微组织如图 5 – 13 所示。由图可知，经 120℃∕1 h 欠时效处理后，研究合金晶内和晶界大量析出细小弥散的时效相，延长时效时间，时效相逐渐粗化，晶界析出相由连续分布逐渐变得不连续，经 120℃∕36 h 过时效处理后，在 Al – Zn – Mg 合金晶界可以观察到明显的 PFZs。在不同时效条件下，对比未添加钪锆和添加钪锆的时效合金显微组织可知，其晶内析出相的大小和密度基本相同，唯一的区别是添加钪锆的 Al – Zn – Mg 合金 PFZs 宽度更窄，且添加钪锆合金主要由亚晶构成，而 PFZs 主要存在于大角度晶界，因此，钪锆添加可减少或抑制 PFZs 的形成。此外，晶粒尺寸随钪含量增加而减小。

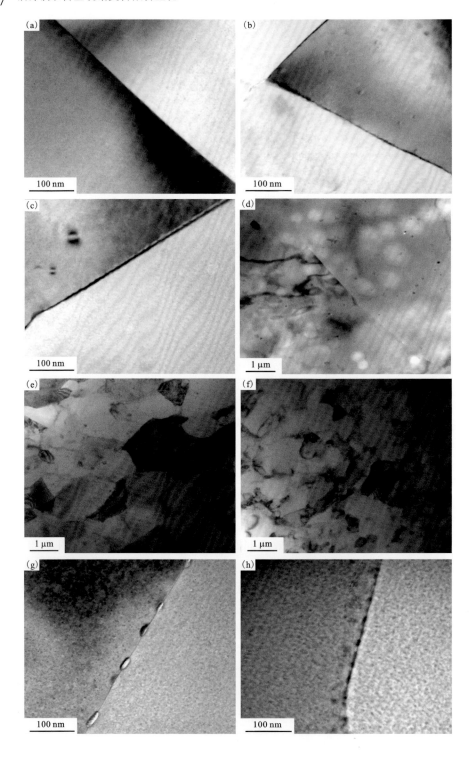

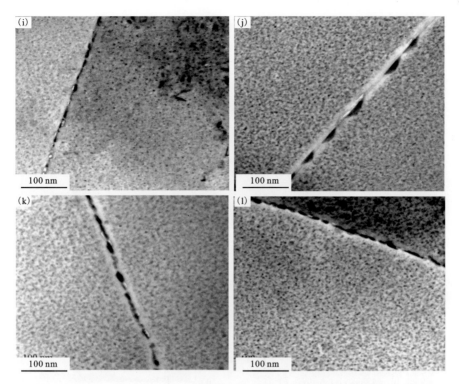

图 5 – 13 120℃下时效不同时间合金板材的透射电子显微组织

Al – Zn – Mg 合金：(a)欠时效（120℃/1 h）；(d)和（g)峰时效（120℃/24 h）；(j)过时效（120℃/36 h）；Al – Zn – Mg – 0.10Sc – 0.10Zr 合金：(b)欠时效（120℃/1 h）；(e)和（h)峰时效（120℃/24 h）；(k)过时效（120℃/36 h）；Al – Zn – Mg – 0.25Sc – 0.10Zr 合金：(c)欠时效（120℃/1 h）；(f)和(i)峰时效（120℃/24 h）；(l)过时效（120℃/36 h）

5.4 分析与讨论

5.4.1 钪锆微合金化对 Al – Zn – Mg 合金时效板材再结晶的影响

研究表明，对于含钪的商业铝合金，如果钪含量达到一定值时，可以有效抑制热处理及热加工过程中再结晶的发生，而对于不同的合金体系，其抑制再结晶有效的钪添加量是不同的。文献[1]指出，当添加 0.15% ~ 0.20% Sc 到 Al – Zn – Mg 系合金后可有效抑制再结晶的发生。

本研究结果表明，Al – Zn – Mg 和 Al – Zn – Mg – Sc – Zr 合金冷轧板材中均包含大量位错亚结构，经固溶 – 时效处理后（图 5 – 13），Al – Zn – Mg 合金已发生完全再结晶，而 Al – Zn – Mg – Sc – Zr 合金则保持未再结晶的亚晶结构。为了进一步研究合金冷轧板材固溶时效处理过程中再结晶情况，我们采用 EBSD 技术进一步测试了不同试验合金时效后的晶界角度分布情况，其结果如图 5 - 14 所示。

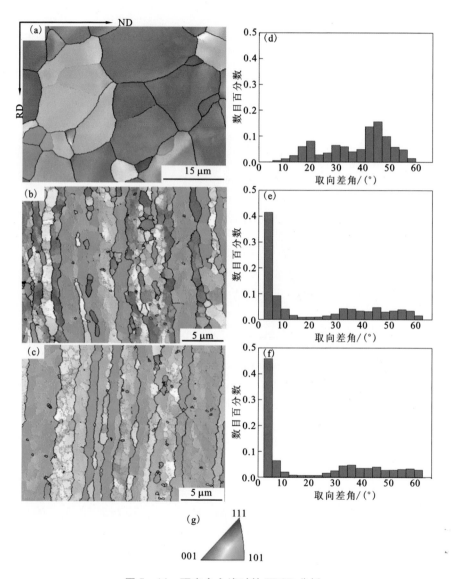

图 5 - 14　研究合金峰时效 EBSD 分析

Al - Zn - Mg 合金：(a) 晶体学位向图；(d) 晶界位向角分布图；Al - Zn - Mg - 0. 10Sc - 0. 10Zr 合金：
(b) 晶体学位向图；(e) 晶界位向角分布图；Al - Zn - Mg - 0. 25Sc - 0. 10Zr 合金：(c) 晶体学位向图；
(f) 晶界位向角分布图；(g) 基于 [001] 极图图 5 - 14 (a) ~ 图 5 - 14 (c) 不同晶界学位向所对应的颜色

图 5 - 14 中红色线表示小角度晶界，黑色线表示大角度晶界。从图 5 - 14(a) 可以看出，固溶时效态 Al - Zn - Mg 合金由等轴的再结晶晶粒组成，再结晶晶粒主要为立方织构，而 Al - Zn - Mg - Sc - Zr 固溶时效态合金仍保持纤维状的亚晶结构[图 5 - 14(b) 和图 5 - 14(c)]，亚晶主要为轧制织构。研究合金的晶界位向角分布[图 5 - 14(d) ~ 图 5 - 14(f)]进一步显示，对于 Al - Zn - Mg 固溶时效态合金，晶界主要由 15° ~ 55°大角度晶界构成，其晶粒尺寸为 8.26 μm，而对于 Al - Zn - Mg - Sc - Zr 固溶时效态合金晶界则主要由 10°以内的亚晶界构成，其晶粒尺寸分别为 1.36 μm 和 0.93 μm。由此可知，复合添加 0.10Sc + 0.10Zr 和 0.25Sc + 0.10Zr 均可有效抑制 Al - Zn - Mg 合金在固溶时效处理中再结晶的发生，显著减小了合金晶粒尺寸。微量钪锆添加之所以能有效抑制再结晶的发生得益于形成的高密度细小弥散的与基体共格的二次 $Al_3(Sc, Zr)$ 粒子，该粒子在固溶处理过程中具有较高的热稳定性，能强烈钉轧位错及晶界，阻碍位错移动及晶界迁移(图 5 - 9)，从而有效抑制再结晶的发生。

5.4.2　钪锆微合金化对 Al - Zn - Mg 时效析出的影响

为了研究钪锆微合金化对 Al - Zn - Mg 时效析出的影响，我们测试了三种合金固溶态和时效态下的力学性能，结果如表 5 - 2 所示。可以看出，相比 Al - Zn - Mg 时效态合金，0.10% Sc + 0.10% Zr 添加使合金屈服强度和抗拉强度分别提高了 66 MPa 和 31 MPa，0.25% Sc + 0.10% 添加使合金屈服强度和抗拉强度分别提高了 96 MPa 和 58 MPa，与此同时，两种钪锆添加合金的延伸率均保持在 12% 以上的高水平。由时效析出引起的屈服强度增值在 Al - Zn - Mg 合金、Al - Zn - Mg - 0.10Sc - 0.10Zr 合金和 Al - Zn - Mg - 0.25Sc - 0.10Zr 合金中分别为 256 MPa、253 MPa 和 260 MPa，基本相同，因此，可以推测出，钪锆微合金化并没有明显影响到 Al - Zn - Mg 合金的时效强化。

表 5 - 2　研究合金固溶态和峰值时效态力学性能

合金	热处理状态	屈服强度/MPa	抗拉强度/MPa	延伸率/%
Al - Zn - Mg	固溶态	183 ± 3	328 ± 1	25.2 ± 0.1
	时效态	439 ± 2	498 ± 1	16.5 ± 0.7
Al - Zn - Mg - 0.10Sc - 0.10Zr	固溶态	252 ± 2	378 ± 3	23.6 ± 0.4
	时效态	505 ± 3	529 ± 2	14.1 ± 0.6
Al - Zn - Mg - 0.25Sc - 0.10Zr	固溶态	275 ± 1	397 ± 3	23.3 ± 0.3
	时效态	535 ± 5	556 ± 2	12.1 ± 0.4

另一方面，从图5－10可以看出，在整个时效过程中，添加钪锆合金的整个时效硬化曲线是很均匀的，这说明钪锆添加并没有影响 Al－Zn－Mg 合金的时效析出。此外，结合图5－13可以看出，经相同的时效处理，添加钪锆合金内时效相析出密度及形貌与 Al－Zn－Mg 合金基本相同。

参考相关文献，Wu[2]指出锆的添加抑制了 GP（Ⅱ）区的形成，从而减少了 η' 相在随后的时效过程中的析出。这一结论似乎与我们的研究结果不一致，因此，为了进一步确定钪锆添加到底有没有影响或抑制时效相析出，我们对两种 Al－Zn－Mg－Sc－Zr 合金时效过程中的时效析出相及 Al$_3$（Sc，Zr）粒子进行了观察。图5－15为欠时效和峰时效的 Al－Zn－Mg－Sc－Zr 合金透射电子显微组织。结合前述章节实验结果可以看出，自 Al$_3$（Sc，Zr）粒子在均匀化过程中析出后，在热处理及加工过程中均保持尺寸及密度不变，其明场下的 Ashby－Brown 对比度，证明该粒子始终与基体保持共格关系。根据 Iwamura[3]的报道，Al$_3$（Sc，Zr）粒子只有当尺寸超过 80 nm 时才会快速长大。在本研究中，Al$_3$（Sc，Zr）粒子尺寸基本保持 20 nm 左右，因此具有较高的热稳定性。Al－Zn－Mg－0.25Sc－0.10Zr 合金欠时效的高分辨照片如图5－15（c）和图5－15（d）所示，在[100]$_{Al}$入射方向，尺寸为2～8 nm的球形析出相为 GP（Ⅰ）区[4][图5－15（c）]，在[110]$_{Al}$入射方向，尺寸为3～8 nm的片状析出相为 GP（Ⅱ）区[图5－15（d）]，GP（Ⅱ）区为 η' 相的前驱体，由{111}面上的富锌层构成。在峰时效状态，从5－15（f）的衍射斑，可以看出，峰时效的主要强化相为 η' 相。文献指出[4]，GP（Ⅰ）区形成温度区间较广，室温到 140～150℃ 下均能形成，且与淬火温度无关；GP（Ⅱ）区则只能在淬火温度高于 450℃，时效温度高于 70℃ 才能形成。在我们的研究中，固溶－时效工艺为 470℃/1 h 固溶，水淬＋120℃/24 h 时效，满足 GP（Ⅰ）区和 GP（Ⅱ）区的形成条件，所以两个 GP 区是都可以形成的。结合实验观察到的两类 GP 区和力学性能结果，我们认为钪锆添加或 Al$_3$（Sc，Zr）粒子并没有抑制时效相的形成及析出。

此外，我们认为钪锆添加没有影响时效相的析出的另一原因，是因为钪锆添加到 Al－Zn－Mg 合金后，铸锭均匀化处理时主要以 Al$_3$（Sc，Zr）粒子形式析出，固溶在基体中的钪锆含量非常少，因此不会明显影响时效过程中的分解和析出，从而不影响 Al－Zn－Mg 合金的时效析出动力学。

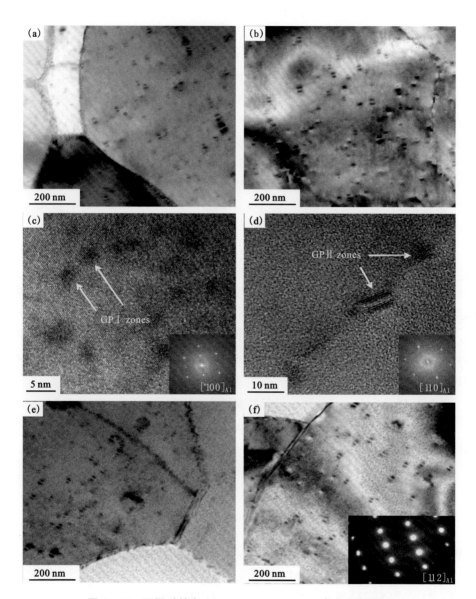

图 5 – 15   不同时效态 Al – Zn – Mg – Sc – Zr 合金显微组织

Al – Zn – Mg – 0. 10Sc – 0. 10Zr 合金: (a) 明场像, 欠时效; (e) 明场像, 峰时效; Al – Zn – Mg –
0. 25Sc – 0. 10Zr 合金: (b) ~ (d) 明场像和高分辨像, 欠时效; (f) 明场像, 峰时效

5.4.3 钪锆在 Al – Zn – Mg 时效合金中的强化机制

微量钪锆添加可有效提高时效铝合金的强度。铸造过程中形成的初生 $Al_3(Sc, Zr)$ 粒子可以细化晶粒；均匀化过程中形成的细小弥散二次 $Al_3(Sc, Zr)$ 粒子在热处理及加工过程中可有效抑制再结晶的发生，稳定亚结构，进一步提高了合金强度。二次 $Al_3(Sc, Zr)$ 粒子对合金的强化主要存在两种机制：①小粒子的剪切强化机制，该强化机制包括有序强化，共格强化及模量错配强化；②较大粒子的奥罗万绕过机制。随着粒子尺寸的增加，首先是切过机制启动，当粒子较大时奥罗万绕过机制启动。根据参考文献[5-7]，对于 Al – Sc – Zr 合金，由切过机制转变为绕过机制的临界粒子直径为 4 ~ 6 nm，这意味着，本研究中的 $Al_3(Sc, Zr)$ 粒子的强化机制主要为奥罗万机制。

根据以上的分析，我们大概可以把钪锆添加引起的强化分为两种：一种为二次 $Al_3(Sc, Zr)$ 粒子引起的析出强化，另一种为晶界强化或亚晶界强化。然而，哪种强化机制占主要作用呢？我们对此进行了粗略的定量估算。假定我们实验过程中观察到的透射样品厚度为 80 nm（透射明场下能观察到显微组织的厚度条件），$Al_3(Sc, Zr)$ 粒子的密度及大小，我们根据 195000 ~ 380000 放大倍数的明场照片估算，$Al_3(Sc, Zr)$ 粒子粒径约为 20 nm，数目百分数为 5×10^{20} m^{-3}，体积百分数约为 1×10^{-3}。

5.4.3.1 $Al_3(Sc, Zr)$ 粒子引起的 Orowan 强化

由 Orowan 强化引起的强度增加值为[5]：

$$\Delta\sigma_{Or} = K_4 M (1-v)^{-0.5} (Gb/\lambda) \ln(d_s/b) \qquad (5-1)$$

$$d_s = \frac{\pi d_m}{4} \qquad (5-2)$$

$$\lambda = \left[\frac{1}{2}\left(\frac{2\pi}{3f_V}\right)^{0.5} - 1\right]\frac{\pi d_m}{4} \qquad (5-3)$$

其中，M, v, G, b 分别为 Taylor 因子、Poisson 比、剪切模量及铝基体的 Burgers 矢量；K_4 为常数；d_s 及 λ 分别为粒子名义直径和粒子有效间距，其计算公式如式(5-2)及式(5-3)所示。根据 $Al_3(Sc, Zr)$ 粒子特征值及代入 $K_4 = 0.127$，$M = 3.06$，$v = 0.331$，$G = 27.8$ GPa 及 $b = 0.286$ nm 等值到式(5-1)中，可以计算出在 Al – Zn – Mg – 0.10Sc – 0.10Zr 合金和 Al – Zn – Mg – 0.25Sc – 0.10Zr 合金中，由二次 $Al_3(Sc, Zr)$ 粒子引起的 Orowan 强度增量分别为 50 MPa 和 65 MPa。

5.4.3.2 Hall – Petch（晶界）强化

利用 Hall – Petch 公式我们可以计算出由晶界引起的强化：

$$\sigma_{H-P} = \sigma_0 + kd^{-1/2} \qquad (5-4)$$

其中，σ_0 为点阵位错移动的固有抗力；k 为描述晶界和由晶界引起的强度增值的关系参数，对于铝合金取值为 0.04 MPa×m$^{1/2}$[8,9]。

根据 Hall - Petch 公式我们可以进一步推断出由钪锆引起的晶界强化 $\Delta\sigma_{H-P}$ 为：

$$\Delta\sigma_{H-P} = k(d_{\text{含Sc}}^{-1/2} - d_{\text{无Sc}}^{-1/2}) \tag{5-5}$$

因此，代入 k 值及由 EBSD 获取的两种合金晶粒尺寸 (5.4.1 节)，可以计算出由在 Al - Zn - Mg - 0.10Sc - 0.10Zr 合金和 Al - Zn - Mg - 0.25Sc - 0.10Zr 合金中，钪锆引起的 Hall - Petch 强化值分别为 20 MPa 和 28 MPa。

综上所述，在 Al - Zn - Mg - 0.10Sc - 0.10Zr 合金和 Al - Zn - Mg - 0.25Sc - 0.10Zr 合金中，计算得到的由钪锆引起的强度增值为 70 MPa 和 93 MPa，这与实际测量值 66 MPa 和 96 MPa 是比较相近的。比较钪锆引起析出强化和晶界强化可知，钪锆添加在 Al - Zn - Mg 时效合金中的强化机制主要为奥罗万强化。

参考文献

[1] V. I. Elagin, V. V. Zakharov, T. D. Rostova. Scandium - alloyed aluminum alloys[J]. Metal Science and Heat Treatment, 1994, 36: 375 - 380.

[2] L. M. Wu, M. Seyring, M. Rettenmayr. Characterization of precipitate evolution in an artificially aged Al - Zn - Mg - Sc - Zr alloy[J]. Materials Science and Engineering: A, 2010, 527 (1 - 2): 1068 - 1073.

[3] S. Iwamura, Y. Miura. Loss in coherency and coarsening behavior of Al3Sc precipitates[J]. Acta Materialia, 2004, 52: 591 - 600.

[4] L. K. Berg, J. GjØnnes, V. Hansen, et al. GP - zones in Al - Zn - Mg alloys and their role in artificial aging [J]. Acta Materialia, 2001, 49: 3443 - 3451.

[5] L. M. Wu, W. H. Wang, Y. F. Hsub, et al. Effects of homogenization treatment on recrystallization behavior and dispersoid distribution in an Al - Zn - Mg - Sc - Zr alloy[J]. Journal of Alloys and Compounds, 2008, 456: 163 - 169.

[6] K. L. Kendig, D. B. Miracle. Strengthening mechanisms of an Al - Mg - Sc - Zr alloy[J]. Acta Materialia, 2002, 50: 4165 - 4175.

[7] C. B. Fuller, D. N. Seidman, D. C. Dunand. Mechanical properties of Al (Sc, Zr) alloys at ambient and elevated temperatures[J]. Acta Materialia, 2003, 51: 4803 - 4814.

[8] N. Hansen. Hall - Petch relation and boundary strengthening[J]. Scripta Materialia, 2004, 51: 801 - 806.

[9] E. Bonetti, L. Pasquini, E. Sampaolesi. Grain size, strain rate, and temperature dependence of flow stress in ultra - fine grained and nanocrystalline Cu and Al: Synthesis, experiment, and constitutive modeling[J]. Acta Materialia, 1997, 9: 611 - 614.

第6章 钪锆微合金化对成品
板材各向异性作用机理

成品板材力学性能的平面各向异性给铝合金板材的实际工程应用带来了局限性，增加了材料成型难度。在工程设计中，往往只能以性能最低的方向作为工程设计依据，因此，板材平面各向异性是研制高性能铝合金材料必须考虑的一个重要性能指标。本章侧重研究钪锆添加对 Al – Zn – Mg 合金成品板材各向异性的影响及作用机理，旨在为成品板材应用提供实验和理论依据。

6.1 成品板材平面各向异性

各向异性拉伸力学性能样品取自研究合金峰时效薄板，在轧制面内对试样沿与轧制方向呈 0°（轧向）、30°、45°、60°、90°（横向）共 5 个方向上切取拉伸试样，拉伸样品取样位置如图 6 – 1 所示。

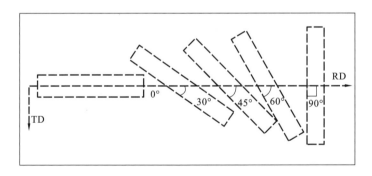

图 6 – 1　各向异性拉伸样品取样位置

成品板材平面各向异性指数 IPA（In – Plane Anisotropy）可按如下公式进行计算[1, 2]：

$$IPA = \frac{\left[(N-1)X_{max} - X_{mid1} - X_{mid2} - \cdots - X_{mid(N-2)} - X_{min} \right]}{(N-1)X_{max}} \times 100\% \quad (6-1)$$

其中，N 表示截取试样方向的个数，X_{max}、X_{min} 分别表示所有取样方向上 σ_b、$\sigma_{0.2}$ 或 δ 的最大值和最小值，X_{mid1}、X_{mid2}、$X_{mid(N-2)}$ 等表示取样方向上介于最大值

和最小值之间的 $N-2$ 个中间值。在本实验中,分别在于轧向呈 0°(轧向)、30°、45°、60°、90°(横向)共 5 个方向上截取拉伸试样,所以 $N=5$。

研究合金不同拉伸轴向下的力学性能如图 6-2 所示,不同力学性能参数的平面各向异性指数如表 6-1 所示。由图 6-2 可知,三种研究合金在与力轴呈 0° 和 90° 方向下的强度较高,延伸率较低,与拉伸轴呈 45° 方向上的强度最低,延伸率较高。从表 6-1 可知,强度相比延伸率具有较低的平面各向异性值。随着钪锆含量的增加,Al - Zn - Mg 时效合金屈服强度各向异性指数增加,在 Al - Zn - Mg 合金、Al - Zn - Mg - 0.10Sc - 0.10Zr 合金和 Al - Zn - Mg - 0.25Sc - 0.10Zr 合金中,屈服强度各向异性指数分别为 2.1%、5.0% 和 7.2%。

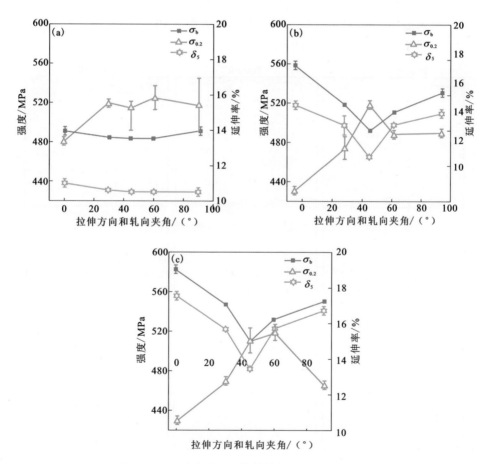

图 6-2 研究合金不同拉伸轴向角下的力学性能

(a)Al - Zn - Mg 合金;(b)Al - Zn - Mg - 0.10Sc - 0.10Zr 合金;(c)Al - Zn - Mg - 0.25Sc - 0.10Zr 合金

表 6 – 1　研究合金力学性能 *IPA* 值/%

合金	屈服强度/MPa	抗拉强度/MPa	延伸率/%
Al – Zn – Mg	1.7	1.1	6.0
Al – Zn – Mg – 0.10Sc – 0.10Zr	5.0	8.0	17.2
Al – Zn – Mg – 0.25Sc – 0.10Zr	7.2	8.2	18.1

6.2　研究合金薄板制备过程中的织构演变

三种研究合金均匀化处理态、冷轧态和时效态的 ODF 图如图 6 – 3 所示。对应的 α、β 取向线密度分布如图 6 – 4 所示。

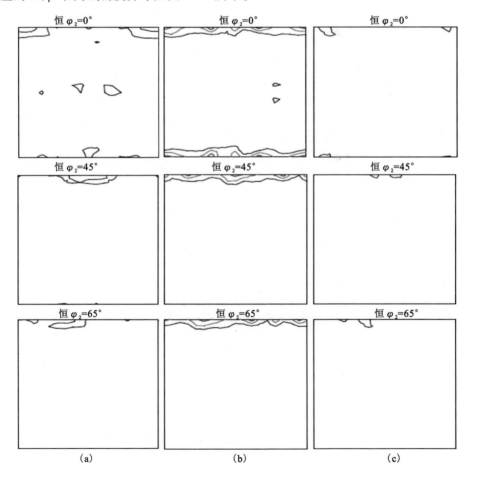

(a)　　　　　　　　　(b)　　　　　　　　　(c)

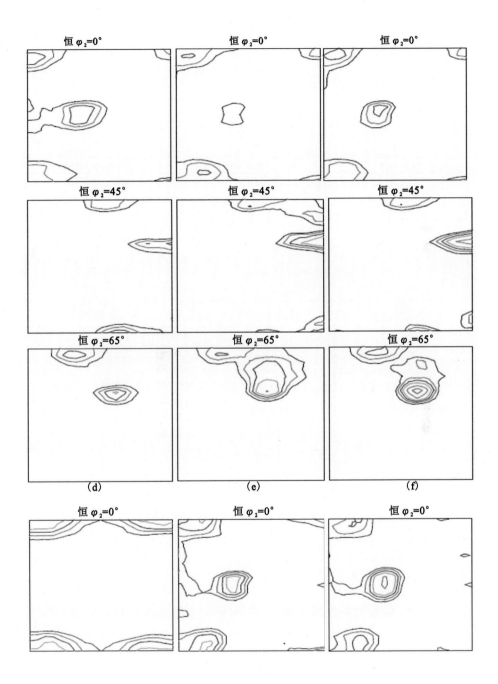

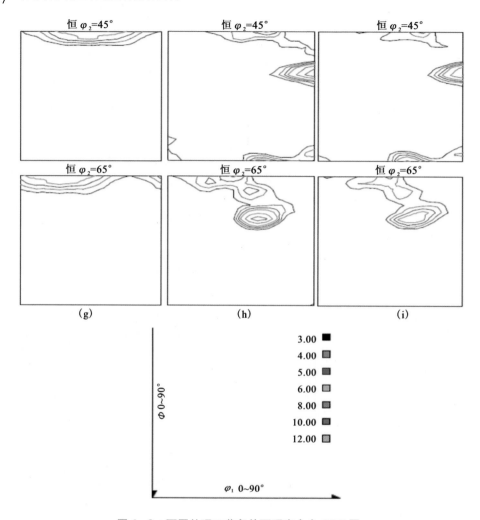

图 6-3 不同处理工艺条件下研究合金 ODF 图

Al - Zn - Mg：(a)均匀化处理态；(d)冷轧态；(g)时效态；Al - Zn - Mg - 0.10Sc - 0.10Zr 合金：(b)均匀化处理态；(e)冷轧态；(h)时效态；Al - Zn - Mg - 0.25Sc - 0.10Zr 合金：(c)均匀化处理态；(f)冷轧态；(i)时效态

结果表明，在均匀化处理条件下，三种研究合金基本不存在明显的择优取向，在 Al - Zn - Mg - 0.10Sc - 0.10Zr 合金中可观察到少量的{100}丝织构。经冷轧后，板材择优取向明显加强，可观察到形成了较强的 Cube 和 β 轧制织构，Cube 织构是在热轧及其退火过程中出现再结晶形成的，而 β 轧制织构的形成则是在轧制过程中晶粒沿有利于轧制进行的方向转动形成的。固溶时效后，Al - Zn - Mg 合金以 Cube 织构为主，而添加钪锆合金则以 β 轧制织构为主。

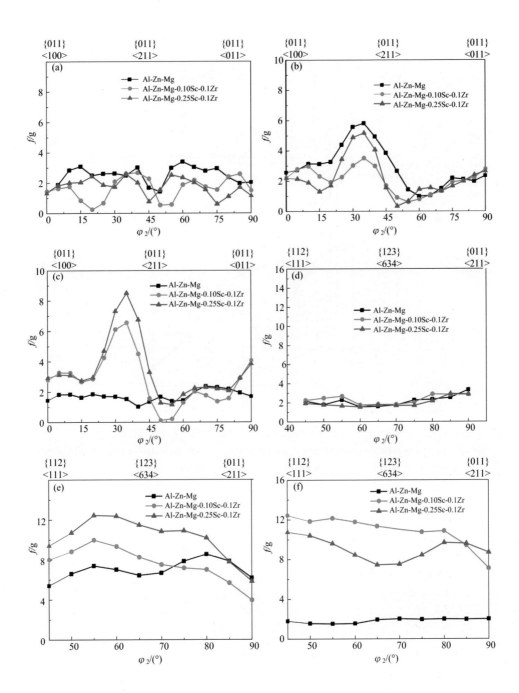

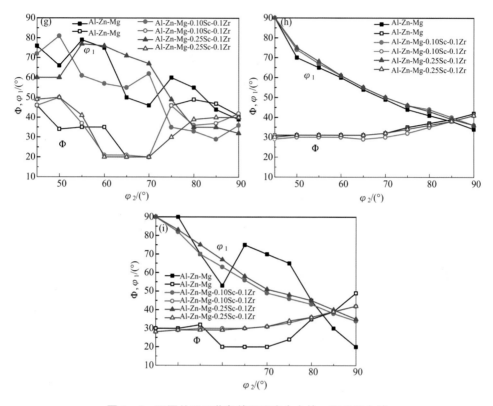

图 6 – 4　不同处理工艺条件下研究合金的 α 和 β 取向线

Al – Zn – Mg：(a)α 取向线；(d)β 取向线；(g)β 取向线位置；Al – Zn – Mg – 0.10Sc – 0.10Zr 合金：
(b)α 取向线；(e)β 取向线；(h)β 取向线位置；Al – Zn – Mg – 0.25Sc – 0.10Zr 合金：(c)α 取向线；
(f)β 取向线；(i)β 取向线位置

6.3　分析与讨论

6.3.1　钪锆微合金化在 Al – Zn – Mg 合金板材制备过程中对织构的影响

对于大多数金属材料，需通过液态凝固和结晶过程形成铸锭。铸造过程就是把液态金属注入一定形状的铸模中，并以某种方式实施冷却的工艺过程。金属学分析表明，结晶是液态金属中晶胚的形成与长大的过程。如果熔体在过冷中，晶胚随机形核，且均匀长大，则结晶后的组织应该是没有择优取向的，即多晶体晶粒取向呈随机分布状态。这就是为什么我们的均匀化试验合金无明显择优取向的原因。然而，在工业上采用的铸造工艺过程中，结晶体的热量总是从某些特定的方向上散失。热量的这种定向散失造成了结晶体内形成温度梯度场,从而促进了晶胚优先在低温区生成,并沿温度梯度矢量向高温区定向生长。大量的研究表明,Fe – Si、β – 黄铜、Al、Cu、Pb 等立方系金属快速生长的晶体学方向为 <100> 方向。温度场对晶胚生长的这种促进作用及晶胚生长时的各向异性导致了其选择性生长,进而形成了特定的结晶组织,如许多金属铸锭中的柱状晶区。由大量这类柱状晶粒组成的铸造组织,就会形成快速生长方向互相并行的铸造织构,这种织构在立方晶系金属铸锭表现为 {100} 晶面平行于散热表面的纤维织构,如在 Al – Zn – Mg – 0.10Sc – 0.10Zr 均匀化合金中观察到的织构。

对于冷轧的研究合金,同时存在 Cube 织构和 β 纤维轧制织构,对于 Al – Zn – Mg 合金,其微观织构还存在 Goss 织构。这是因为在冷轧之前对均匀化合金进行了热轧及热轧退火,金属在热塑性加工时,合金内部主要发生了两种微观过程。其一是以位错运动为主的塑性变形,并伴随着金属基体缺陷密度的升高;其二是以回复、形核和晶粒长大为主的动态再结晶,并伴随着金属基体缺陷密度的下降。二者的综合结果导致了金属内部既存在变形织构(β 纤维轧制织构),也存在再结晶织构(Cube 及 Goss 织构)。

对于时效态合金,根据第 4 章的实验结果可知,Al – Zn – Mg 合金的再结晶温度为 350℃,而本研究的固溶温度为 470℃,因此没有添加钪锆的 Al – Zn – Mg 合金在固溶过程中已发生了完全再结晶,而另外两种 Al – Zn – Mg – Sc – Zr 合金由于存在大量细小弥散的 $Al_3(Sc, Zr)$ 粒子,时效态合金仍保留轧制织构。对于时效态的 Al – Zn – Mg – Sc – Zr 合金,β 纤维轧制织构强度高于冷轧合金轧制织构,其涉及到 Al – Zn – Mg – Sc – Zr 合金的再结晶形核过程,该内容已在第 4 章详述。

6.3.2　钪锆微合金化对 Al – Zn – Mg 合金成品板材各向异性的影响

从表 6 – 1 可以发现,钪锆添加使 Al – Zn – Mg 合金的各向异性指数增加,为了解释这一现象,需把所测晶体学织构数据与材料力学性能各向异性联系起来。

金属材料单晶体拉伸塑性变形时的变形抗力是各向异性的。根据临界分切应力定律有:

$$\tau_c = \sigma_s \cos\Phi \cos\lambda \qquad (6-2)$$

其中,τ_c 为临界分切应力;$\cos\Phi\cos\lambda$ 为拉伸变形取向因子,也叫做 Schmid 因子,$\cos\Phi$ 和 $\cos\lambda$ 分别表示拉伸力轴与滑移面法向及滑移方向的夹角余弦,取向因子的倒数即为 Taylor 因子,即 M 值;σ 为屈服应力,随取向因子增大而减小,即取向因子越大,对应取向的晶体处在软取向,该晶体容易滑移。

对于多晶体材料,合金的屈服强度可以表示为:

$$\sigma_{0.2} = \Delta\sigma_{gb} + M(\Delta\tau_0 + \Delta\tau_{ss} + \Delta\tau_{ppt}) \qquad (6-3)$$

其中,$\Delta\tau_0$ 为纯铝的临界剪切应力,对于商业纯铝,其值约为 7 MPa[3],

$\Delta\sigma_{gb}$，$\Delta\sigma_{ss}$和$\Delta\sigma_{ppt}$则分别表示由晶界强化，固溶强化及析出强化对屈服强度所作的贡献；M值为上面所说的 Taylor 因子，其大小与材料的织构及受力状态有关。从公式(6-3)可以看出，要定量计算材料在不同拉伸方向下的屈服强度首先得计算出材料在不同拉伸方向下的 M 值。由于本研究的合金存在多个择优取向(立方取向、Copper 取向、Brass 取向和 S 取向)，在不同力轴下不同晶体取向的最大 Schmid 因子个数不同，滑移系启动情况相比 Sachs 模型(只有一个滑移系启动)、Hutchinson 独立模型(平均有 3.5 个滑移系同时启动)及 Taylor 模型(5 个滑移系同时启动)更为复杂，因此在本研究中，我们假设不同晶体取向下所有滑移系均有机会参与滑移，然后根据 Schmid 因子的大小确定滑移系参与滑移的机率(在同力轴同晶体取向下 Schmid 因子越大的滑移系参与滑移的机率越大)，表达公式如下：

$$M(\alpha)^{-1} = \sum_{i=1}^{n} f_i \sum_{j=1}^{12} w_j m_{i,j}(\alpha) + f_{random} m \qquad (6-4)$$

其中，$M(\alpha)$ 为不同取向下与力轴呈 α 角的 M 因子；f_i 为取向 i 所占的体积分数；f_{random} 为随机取向晶粒所占的体积分数；m 为晶体随机取向的 Schmid 因子，其值约为 0.327。fcc 铝合金存在 4 个密排面{111}，3 个密排方向 <110>，共 12 个等效滑移系。$m_{i,j}(\alpha)$ 代表与力轴呈 α 角下取向 i 的第 j 个 Schimd 因子，$m_{i,j}(\alpha)$ 按照以下方式排序，$m_{i,1}(\alpha) > m_{i,2}(\alpha) > \cdots > m_{i,j}(\alpha) > \cdots > m_{i,12}(\alpha)$，本研究 i 最大值为 4，j 最大值为 12，值得注意的是，对于 <uvw> 不是二次对称轴的织构，将存在取向呈镜面对称的两类晶粒与之对应，两类晶粒在同一拉伸轴向下各滑移系的 Schmid 因子不会完全相同。单组分织构在不同力轴下各滑移系的 Schmid 因子计算方法见文献[4]，计算结果过程与结果见文献[5]。文献[6]指出在研究铝合金板材各向异性时，如果轧前的坯料中晶粒不存在择优取向，则这认为这两类晶粒存在的几率应是相等。在本研究中，从图 6-3 和图 6-4 可以看出，铸锭开坯前无明显择优取向，故认为两类晶体存在的几率相等，因此，不同取向下的 $m_{i,j}(\alpha)$ 值为两类晶粒不同织构组分在与拉伸轴呈 α 角下的数据平均值。方程 6-4 中，设定的 w_j 为权重系数，满足以下条件：

$$\sum_{j=1}^{12} w_j = 1 \qquad (6-5)$$

$$\frac{w_j}{w_{j+1}} = \left(\frac{m_{i,j}}{m_{i,j+1}}\right)^n \qquad (6-6)$$

在计算过程中 Schmid 因子为 0 的滑移系其权重为 0，表示不参与滑移，Schmid 因子越大的滑移系参与滑移的机会越大，其权重值与其 Schmid 因子呈正比。其中 n 取正整数。

由晶界引起的强化 $\Delta\sigma_{gb}$ 根据霍尔-佩奇公式进行计算，代入第 5 章实验数据可知，在 Al-Zn-Mg 合金、Al-Zn-Mg-0.10Sc-0.10Zr 合金和 Al-Zn-Mg-

0.25Sc－0.10Zr 合金中，由晶界强化引起的强度增加值分别为 14 MPa、34 MPa 和 42 MPa。

对于钪锆添加时效合金存在两类析出强化相，一种为时效过程中析出的时效强化相（η' 或 η 相），一种为均匀化过程中析出的二次 $Al_3(Sc, Zr)$ 弥散质点。根据我们实验所观察到的两种析出相尺寸及参考文献，两种强化相引起的析出强化 $\Delta\tau_{ppt}$ 计算公式如下[7]：

$$\Delta\tau_{ppt} = \frac{2\beta Gb}{r}\sqrt{\frac{3f}{2\pi}} \qquad (6-7)$$

其中，β 为常数，根据文献[8]其值为 0.36；r 为析出相平均半径，其值通过大量透射电镜实验进行估算，在峰时效状态下时效相尺寸约为 12 nm，$Al_3(Sc, Zr)$ 粒子尺寸约为 20 nm；f 为析出相体积分数，我们通过 J MatPro 软件进行计算，将相关数值代入公式 6-7 可得，Al－Zn－Mg－0.10Sc－0.10Zr 合金中，$\Delta\tau_{ppt} = \Delta\tau_{ppt-MgZn2} + \Delta\tau_{ppt-Al3(Sc, Zr)} = 129 + 23$ MPa = 152 MPa；Al－Zn－Mg－0.24Sc－0.10Zr 合金中，$\Delta\tau_{ppt} = \Delta\tau_{ppt-MgZn2} + \Delta\tau_{ppt-Al3(Sc, Zr)} = 135 + 33$ MPa = 168 MPa；Al－Zn－Mg 合金只存在时效析出相，因此其 $\tau_{ppt} = \tau_{ppt-MgZn2} = 135$ MPa。

对于固溶强化 $\Delta\tau_{ss}$ 可以表示为：

$$\Delta\tau_{ss} = KC^{2/3} \qquad (6-8)$$

其中，K 为与原子尺寸、弹性模量以及原子错配度等因素有关的常数。C 为溶质原子平均浓度，在固溶态和时效态下，研究合金的 $\Delta\tau_0$、$\Delta\tau_{gb}$ 和 $\Delta\tau_{ppt-Al3(Sc, Zr)}$ 不变，因此利用第 5 章的所得到的固溶态的实验数据及方程（6-3）（M 取 3.06）及方程（6-7）和不同处理态下合金的溶质原子平均浓度就可以求得 $\Delta\tau_{ss}$。溶质原子浓度通过 JMatPro 软件获取，研究合金固溶态合金元素含量约为 7.2%，时效态约为 0.6%，因此得到时效态 Al－Zn－Mg、Al－Zn－Mg－0.10Sc－0.10Zr 和 Al－Zn－Mg－0.25Sc－0.10Zr 合金由固溶强化引起的剪切应力增加值分别为 10 MPa、9 MPa 和 8 MPa。

综上所述，对于三种研究合金时效态屈服强度表达式分别为：

$$Al－Zn－Mg \text{ 合金：} \sigma_{0.2} = 14 + 152M \qquad (6-9)$$

$$Al－Zn－Mg－0.10Sc－0.10Zr \text{ 合金：} \sigma_{0.2} = 34 + 168M \qquad (6-10)$$

$$Al－Zn－Mg－0.25Sc－0.10Zr \text{ 合金：} \sigma_{0.2} = 42 + 183M \qquad (6-11)$$

三种时效态研究合金的织构体积分数和在不同力轴下计算出来的 Taylor 因子值分别如表 6-2 和 6-3 所示。

表6-2　研究时效态合金织构组分(结合微观和宏观织构数据)

合金	Copper	S	Brass	Cube	随机取向
Al – Zn – Mg	0.018	0.224	0.011	0.275	0.472
Al – Zn – Mg – 0.10Sc – 0.10Zr	0.175	0.349	0.385	0.022	0.069
Al – Zn – Mg – 0.25Sc – 0.10Zr	0.200	0.380	0.400	0.000	0.020

表6-3　研究合金不同力轴下的 M 值

合金	0°	30°	45°	60°	90°
			$n = 4$		
Al – Zn – Mg	2.803	2.762	2.742	2.767	2.747
Al – Zn – Mg – 0.10Sc – 0.10Zr	2.879	2.851	2.577	2.885	2.910
Al – Zn – Mg – 0.25Sc – 0.10Zr	2.891	2.850	2.557	2.890	2.898
			$n = 5$		
Al – Zn – Mg	2.781	2.710	2.716	2.716	2.724
Al – Zn – Mg – 0.10Sc – 0.10Zr	2.810	2.779	2.469	2.812	2.871
Al – Zn – Mg – 0.25Sc – 0.10Zr	2.817	2.774	2.440	2.815	2.856
			$n = 6$		
Al – Zn – Mg	2.764	2.681	2.703	2.687	2.709
Al – Zn – Mg – 0.10Sc – 0.10Zr	2.759	2.730	2.424	2.764	2.844
Al – Zn – Mg – 0.25Sc – 0.10Zr	2.762	2.724	2.392	2.764	2.827
			$n = +\infty$		
Al – Zn – Mg	2.700	2.600	2.500	2.677	2.656
Al – Zn – Mg – 0.10Sc – 0.10Zr	2.608	2.554	2.298	2.604	2.755
Al – Zn – Mg – 0.25Sc – 0.10Zr	2.601	2.538	2.272	2.588	2.732

通过以上数据,我们可以得到模拟值与实验值曲线如图6-5所示。由图可知,在 Al – Zn – Mg 合金中,当 n 取 3～4 时,实测值与拟合值接近;在 Al – Zn – Mg – 0.10Sc – 0.10Zr 合金中,当 n 取 4～5 时,实测值与拟合值接近;在 Al – Zn – Mg – 0.25Sc – 0.10Zr 合金中,合适的 n 值为 6～+∞。由此可以看出,对于不含钪锆的 Al – Zn – Mg 合金,几乎所有的滑移系均有机会参与滑移;随钪含量的增加, Al – Zn – Mg 合金中滑移系参与变形几率减少,只有那些 Schmid 因子大的滑

移系才有几率起动参与变形。因为滑移系的 Schmid 因子由合金的织构决定，对于 Al – Zn – Mg 合金，其织构组分主要为 Cube 织构，此外还存在少量的轧制织构，该两种织构在不同力轴下的 Taylor 因子值不同，进行了部分消除，因此 Al – Zn – Mg合金存在较小的各向异性；而 Al – Zn – Mg – Sc – Zr 合金主要存在轧制织构，轧制织构的不同组分在与力轴呈 45°的 M 因子均较小，因此合金的各向异性随轧制织构的增加而加强，此外，钪含量越高，合金轧制织构组分比重越大，因此各向异性越大。

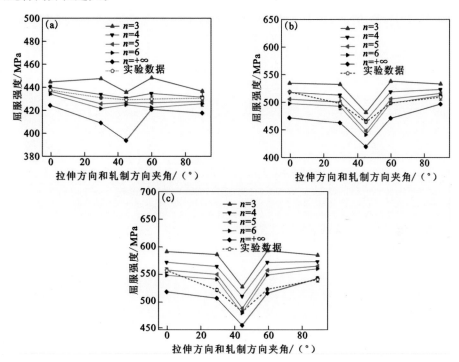

图 6 – 5　研究合金不同拉伸方向下模拟强度与实测强度比较

（a）Al – Zn – Mg 合金；（b）Al – Zn – Mg – 0. 10Sc – 0. 10Zr 合金；（c）Al – Zn – Mg – 0. 25Sc – 0. 10Zr 合金

参考文献

[1] R. K Singh, A. K Singh, N. E. Prasad. Texture and mechanical property anisotropy in an Al – Mg – Si – Cu alloy[J]. Material Science and Engineering A, 2000, 277: 114 – 122.

[2] K. V. Jata, A. K. Hopkins, R. J. Rioja. The anisotropy and texture of Al – Li alloys[J]. Materials Science Forum, 1996, 217 – 222: 647 – 652.

[3] M. J. Starink, S. C. Wang. A model for the yield strength of overaged Al – Zn – Mg – Cu

alloys [J]. Acta Materialia, 2003, 51: 5131 –5150.

[4] 郭加林, 尹志民, 商宝川, 等. 2524 铝合金薄板平面各向异性研究[J]. 航空材料学报, 2009, 29(1): 1 –6. .

[5] 段佳琦. 1970 铝锌镁钪合金板材组织与性能[D]. 长沙: 中南大学, 2012. .

[6] 杨进, 尹志民, 杨国涛. 用双晶近似 Schmid 因子法处理铝合金板材的各向异性[J]. 理化检验 – 物理分册, 2005, 41(7): 348 –350.

[7] J. Zander, R. Sandstro. One parameter model for strength properties of hardenable aluminium alloys [J]. Materials & Design, 2008, 29: 1540 –1548.

[8] O. R. Myhr, Ø. Grong, S. J. Andersen. Modelling of the age hardening behaviour of Al – Mg – Si alloys [J]. Acta Materialia, 2001, 49: 65 –75.

第 7 章 钪锆微合金化及时效处理对 成品板材腐蚀行为的影响

从前面几个章节可知，微量钪锆添加可显著提高 Al – Zn – Mg 合金强度及再结晶温度，然而，除了具有优越的力学性能以外，研究合金还要求拥有优异的耐蚀性能。本章节以 Al – Zn – Mg 和 Al – Zn – Mg – 0.25Sc – 0.10Zr 两种合金成品板材为研究对象，通过应力腐蚀、晶间腐蚀及剥落腐蚀实验综合对比研究钪锆添加对 Al – Zn – Mg 合金的耐蚀性能的影响。

此外，文献[1-6]指出，铝合金的腐蚀性能除与合金本身化学成分有关外，时效制度对其影响也非常显著。基于第 5 章时效研究结果，我们研究了合金在 120℃/12 h（欠时效），120℃/24 h（峰时效）及 120℃/36 h（过时效）时效制度下的腐蚀形为。

7.1 应力腐蚀研究

应力腐蚀（SCC）性测试按照 GB 15970.7—2000 的相关要求执行，使用慢应变速率拉伸（slow strain rate test，SSRT）实验方法，应变速率为 $5 \times 10^{-6}\ \text{s}^{-1}$，矩形试样长 20 mm，宽 4 mm，其长轴方向垂直于轧制方向。部分样品在空气中实验，另外部分样品的平行段在试验过程中始终浸泡在 3.5% NaCl 溶液中。

两种研究合金在不同时效制度及腐蚀环境中的慢应变速率拉伸实验（SSRT）应力 – 应变曲线如图 7 – 1 所示。由图可知，随应变的增加，合金的应力先快速增加后缓慢上升，达到峰值后应力基本保持不变或稍有降低。在相同的时效条件下，对比在空气中和 3.5% NaCl 溶液中断裂的应力 – 应变曲线可知，在 3.5% NaCl 溶液中断裂的合金具有较低的延伸率，表明研究合金对应力腐蚀敏感。在相同的腐蚀介质中，随时效时间的延长，合金延伸率逐渐增加，说明随时效程度的增加，应力腐蚀抗力提高。从外，添加钪锆合金相比 Al – Zn – Mg 合金具有较高的强度和塑性。在不同的时效条件和腐蚀环境下，添加钪锆合金峰值强度的变化范围小于 Al – Zn – Mg 合金，这说明添加钪锆合金具有较低的应力腐蚀敏感性。

表 7 – 1 为两种研究合金在不同时效条件及腐蚀环境中的抗拉强度（UTS）、屈服强度（YS）、延伸率（E_f）、失效时间（T_f）及断裂能（FE）。由表可知，在相同的时效条件下，两种合金在 3.5% NaCl 溶液中断裂的 UTS、YS、E_f、T_f 和 FE 值均

小于在空气中断裂的相应值。此外，钪锆添加使 Al – Zn – Mg 合金 *UTS*、*YS*、E_f、T_f 和 *FE* 值显著增加。

基于获取的实验结果及文献[7-9]，我们使用方程（7-1）来评估研究合金的 SCC 敏感性，应力腐蚀敏感因子 P_{SCC} 表达如下：

$$P_{SCC} = \frac{P_{NaCl}}{P_{air}} \times 100\% \tag{7-1}$$

其中，P_{air} 和 P_{NaCl} 分别为在空气中和 3.5% NaCl 溶液中实验的性能值；P_{scc} 为通过不同的性能参数评估 SCC 的敏感性因子。在本次研究中，我们采用了 5 个性能参数（*UTS*、*YS*、E_f、T_f 和 FE）评估合金的 SCC 敏感性。随 P_{scc} 值增加，合金的应力腐蚀抗力增强。

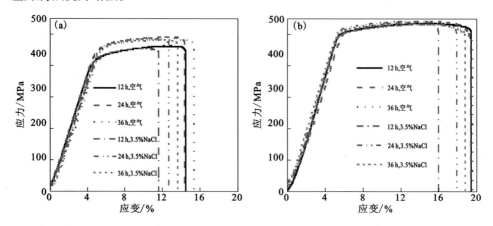

图 7 - 1　应力 - 应变曲线

(a) Al – Zn – Mg 合金；(b) Al – Zn – Mg – Sc – Zr 合金

表 7 - 1　120℃下时效不同时间研究合金在不同环境中的 SSRT 实验结果

合金	时效时间	腐蚀环境	力学性能			T_f/s	*FE*/J
			UTS/MPa	*YS*/MPa	E_f/%		
Al – Zn – Mg	12 h	空气中	463	416	14.5	57349	9.8
		3.5% NaCl	455	411	11.6	45966	7.2
	24 h	空气中	492	442	14.4	56881	10.2
		3.5% NaCl	487	437	12.7	50175	8.6
	36 h	空气中	485	450	15.4	60737	10.6
		3.5% NaCl	482	445	13.7	54099	9.2

续表 7-1

合金	时效时间	腐蚀环境	力学性能			T_f/s	FE/J
			UTS/MPa	YS/MPa	E_f/%		
Al-Zn-Mg-Sc-Zr	12 h	空气中	532	493	19.4	76125	15.4
		3.5% NaCl	531	491	16.0	63173	12.2
	24 h	空气中	540	513	19.4	76107	15.4
		3.5% NaCl	540	509	17.9	70604	14.3
	36 h	空气中	532	509	19.6	77206	15.5
		3.5% NaCl	532	507	18.8	74069	15.2

表 7-2 为 SSRT 样品在不同时效条件下的 P_{scc} 值。由表可知，通过不同的性能参数评估合金的 SCC 敏感性，其结果不同。研究合金在相同的时效条件和腐蚀氛围下，UTS_{scc} 和 YS_{scc} 值均大于 $E_{f\,scc}$、$T_{f\,scc}$ 和 FE_{scc} 值，这说明合金强度具有较低的 SCC 敏感性，因此，使用 E_f、T_f 和 FE 性能参数可以更好地评估合金的 SCC 敏感性。此外，在同种合金内，经相同时效处理后合金的 $E_{f\,scc}$ 值和 $T_{f\,scc}$ 值基本相同（如在欠时效状态下 Al-Zn-Mg 的 $E_{f\,scc}$ 和 $T_{f\,scc}$ 分别为 80.0% 和 80.2%），因此，通过该两个性能参数（$E_{f\,scc}$ 和 $T_{f\,scc}$）评估合金的 SCC 敏感性是等效的。

表 7-2　不同时效条件下 SSRT 样品的 P_{scc} 值

合金	时效时间	UTS_{scc}/%	YS_{scc}/%	$E_{f\,scc}$/%	$T_{f\,scc}$/%	FE_{scc}/%
Al-Zn-Mg	12 h	98.3	98.8	80.0	80.2	73.7
	24 h	99.0	98.9	88.2	88.2	84.0
	36 h	99.4	98.9	89.0	89.1	87.0
Al-Zn-Mg-Sc-Zr	12 h	99.8	99.6	82.5	83.0	79.3
	24 h	100.0	99.2	92.3	92.8	92.8
	36 h	100.0	99.6	95.9	95.9	98.5

随时效时间的延长或钪锆的添加，合金的 P_{scc} 值显著增加。这说明，延长时效时间或添加微量钪锆可大幅提高 Al-Zn-Mg 合金的 SCC 抗力，这一结果与文献报道[7-11]一致。此外，大量文献[9,12,13]指出，7xxx 铝合金的 SCC 抗力可以通过过时效到 T7 状态提高，但是相比 T6 峰时效需要牺牲 10%~20% 的强度。然而，在我们的试验研究中，Al-Zn-Mg-Sc-Zr 合金经 120℃/36 h 过时效处理

后,合金的强度相比峰时效强度其强度损失小于1%,但是合金的 SCC 敏感性基本消除(最小的 P_{scc} 值 > 95%)。这说明,在时效制度及钪锆的综合影响下,Al – Zn – Mg – Sc – Zr 合金可不需要牺牲较大的强度就具有较好的抗 SCC 敏感性。

观察合金失效后的 SEM 断口形貌可以知道合金的断裂模式。图 7 – 2 和图 7 – 3 分别为 Al – Zn – Mg 和 Al – Zn – Mg – Sc – Zr 合金在不同时效制度和腐蚀环境下的 SEM 断口形貌。由图 7 – 2 可知,对于 Al – Zn – Mg 合金,除了欠时效状态下在 3.5% NaCl 溶液中的断裂断口为脆性沿晶断裂以外,在其他时效条件下及不同腐蚀氛围中合金的断口主要呈韧性沿晶形貌,存在一定的小韧窝。在同种时效条件下,在空气中断裂的断口相比在 3.5% NaCl 溶液中断裂的断口具有较多的等轴韧窝。Al – Zn – Mg 合金的沿晶断口形貌说明,对于 Al – Zn – Mg 合金,晶界为 SCC 的主要腐蚀通道。

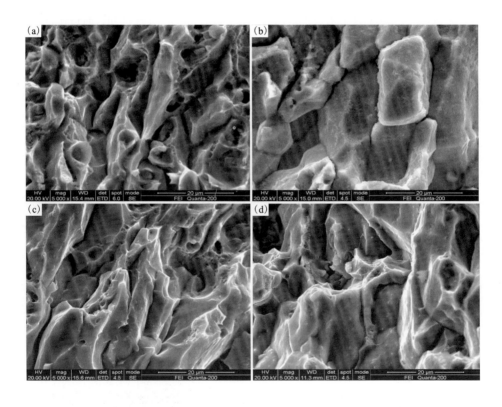

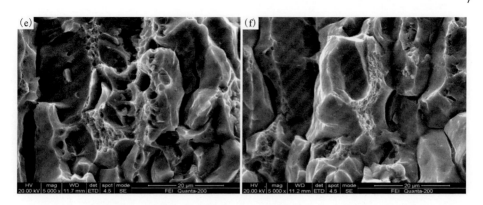

图 7 - 2 Al - Zn - Mg 合金在不同时效制度和腐蚀环境中经 SSRT 后的断口形貌

空气中: (a)欠时效; (c)峰时效; (e)过时效; 3.5% NaCl 溶液中: (b)欠时效; (d)峰时效; (f)过时效

图 7 - 3 可知, Al - Zn - Mg - Sc - Zr 合金的断口主要由大量的等轴小韧窝组成, 呈韧性晶间断裂形貌特征。在不同的时效条件及腐蚀氛围中合金断裂的断口形貌基本相同。此外, 对比图 7 - 2 和图 7 - 3 可知, Al - Zn - Mg - Sc - Zr 合金的晶粒尺寸明显小于 Al - Zn - Mg 合金, 这一点与我们之前的研究结果是一致的。

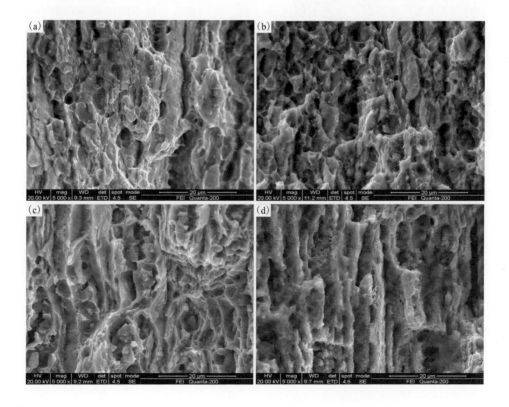

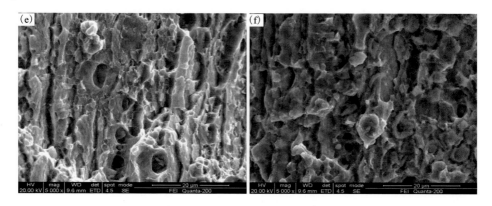

图 7 - 3　Al - Zn - Mg - Sc - Zr 合金在不同时效制度和腐蚀环境中经 SSRT 后的断口形貌

空气中：(a)欠时效；(c)峰时效；(e)过时效；3.5% NaCl 溶液中：(b)欠时效；(d)峰时效；(f)过时效

7.2　晶间腐蚀行为

晶间腐蚀试验按照 GB/T 7998—2005 相关规定执行，对于 7xxx 铝合金，其试验时间为 6 h。在观察合金晶间腐蚀深度时，我们发现，在不同的观察位置合金的最大腐蚀深度并不相同，因此，列出同种合金同种时效状态在不同的观察位置所观察到的最大晶间腐蚀深度的变化范围，如表 7 - 3 所示，对应的同种合金在同种时效条件下所有观察位置所观察到的最大晶间腐蚀深度中的最大值的金相横截面如图 7 - 4 所示。由图可知，晶间腐蚀进行到了合金的表面以下，腐蚀产物在表面以下的通道中逐渐堆积，对表面晶粒造成了一定压力，使腐蚀表面翘了起来，脱离合金，造成合金表面损失。结合图 7 - 4 和表 7 - 3 可知，延长合金时效时间及添加微量钪锆可提高 Al - Zn - Mg 合金的抗晶间腐蚀能力。

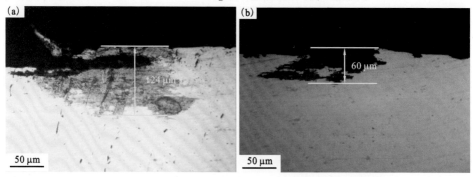

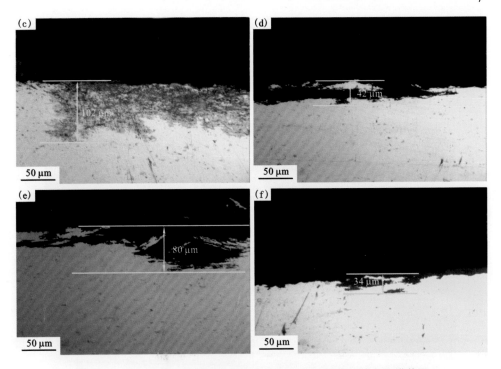

图 7 – 4　研究合金不同时效条件下最大晶间腐蚀深度处的金相横截面
Al – Zn – Mg：(a)欠时效；(c)峰时效；(e)过时效；Al – Zn – Mg – Sc – Zr合金：
(b)欠时效；(d)峰时效；(f)过时效

表 7 – 3　合金不同时效制度下的最大腐蚀深度变化范围

合金	深度/μm		
	欠时效	峰时效	过时效
Al – Zn – Mg	119 ~ 124	62 ~ 102	49 ~ 80
Al – Zn – Mg – Sc – Zr	36 ~ 60	31 ~ 42	17 ~ 34

7.3　剥落腐蚀行为

剥落腐蚀试验按照 GB/T 22639—2008 相关规定执行，对于 7xxx 铝合金，其试验时间为 48 h。图 7 – 5 为剥落腐蚀试样形貌，剥落腐蚀试验评估结果如表 7 – 4所示。P 表示合金发生了点蚀。PA 表示仅仅只有较少的点蚀发生在试样表面；PB 表示试样发生了中度点蚀。从图 7 – 5 和表 7 – 4可知，添加了少量 Cu 的 Al – Zn – Mg 合金本身具有较好的抗剥落腐蚀能力，没有出现严重点蚀、剥层现象。延长时效时间及添加微量钪锆均可在一定程度上提高合金的抗剥落腐蚀能力。Al – Zn – Mg – Sc – Zr 合金经 120℃/36 h 时效处理后，合金的剥落腐蚀等级达到 PA 级，已足够满足航天用户要求，因此没有必要通过过时效处理牺牲合金强度来提高合金的剥落腐蚀抗力。

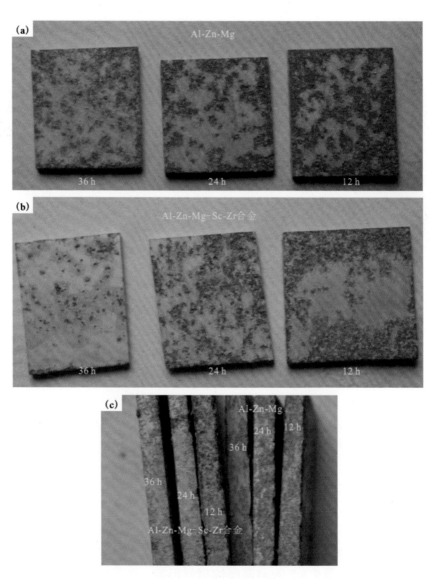

图 7 – 5　研究合金 120℃下时效不同时间的剥落腐蚀形貌

(a)，(b)正面；(c)侧面

表 7 - 4　研究合金不同时效条件下的剥落腐蚀评估结果

（根据 GB/T 22639—2008 标准评定）

合金	时效时间		
	欠时效	峰时效	过时效
Al - Zn - Mg	PB	PB	PB
Al - Zn - Mg - Sc - Zr	PB	PB	PA

7.4　电化学分析

7.4.1　极化曲线

电化学试验采用三极体系，过饱和甘汞为参比电极，在 IM6ex 电化学工作站完成，1 cm² 的试验样品为工作电极，介质为剥落腐蚀溶液。

图 7 - 6 为研究合金 120℃ 下时效不同时间的极化曲线。随电流密度的变化，合金显示出典型的钝化区域，在此区域合金的腐蚀电位 E_{corr} 与所加电压无关。随后，电流密度先迅速增加后缓慢变化，直到合金发生重新钝化，产生点蚀。

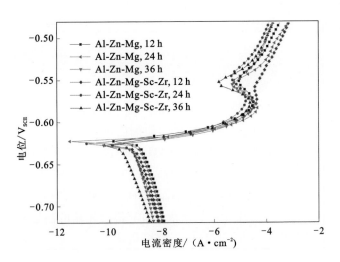

图 7 - 6　研究合金 120℃下时效不同时间的极化曲线

根据文献[14-16]，通过极化曲线可获得的电化学参数：腐蚀电位 E_{corr}、点蚀电位 E_{pit} 和腐蚀电流密度 I_{corr} 如表 7 - 5 所示。由图 7 - 6 及表 7 - 5 可知，延长时效时间及添加微量钪锆基本没有改变腐蚀电位及点蚀电位，但是腐蚀电流密度随时效时间的延长或钪锆的添加而减小，类似的变化趋势可见报道[17, 18]。Zaki[19]指出，点蚀电位是用来衡量材料点蚀发生难易程度的实验特征量，点蚀电位越负，合金的点蚀越容易发生，如果合金的腐蚀电位负于点蚀电位，则合金具有较好的点蚀抗力。在我们的研究中，不同时效制度及不同合金的点蚀电位基本相同，这说明合金发生点蚀的难易程度相同。此外，合金的腐蚀程度受腐蚀速度控制。文献[20, 21]指出，根据 Faraday 法则，材料的电化学腐蚀速率和腐蚀密度呈线性比例关系，电化学腐蚀速率随电流密度的增加而增加。在本研究中，随时效时间的延长或钪锆的添加，合金的腐蚀电流密度减小，因此合金的腐蚀抗力提高。

表 7 - 5　通过 I/E Tafel 斜率分析获取的极化曲线的电化学参数

合金	时效制度	E_{corr}/V_{SCE}	E_{pit}/V_{SCE}	$I_{corr}/(\mu A \cdot cm^{-2})$
Al – Zn – Mg	120℃/12 h	− 0.621	− 0.552	237.3
	120℃/24 h	− 0.621	− 0.555	184.4
	120℃/36 h	− 0.622	− 0.550	153.8
Al – Zn – Mg – Sc – Zr	120℃/12 h	− 0.623	− 0.560	153.3
	120℃/24 h	− 0.623	− 0.550	149.3
	120℃/36 h	− 0.623	− 0.550	115.1

7.4.2　EIS

图 7 - 7 为研究合金的 Nyquist 图和 Bode 图。Nyquist 图由一个电容弧构成，电容弧的半径随时效时间的延长及钪锆的添加而增大。整个腐蚀过程由激活控制，腐蚀只发生在电极表面。在 Bode 图中只出现了一个时间常数，因为只有一个最大相角，且 Z 模量的斜率没有发生变化。文献[22]指出，反应电极的电荷转移电阻(R_t)随最大相角的高度和宽度减小而减小。从图 7 - 7(c) 和图 7 - 7(d) 可知，延长时效时间及添加微量钪锆，相角增加，最大相角的高度和宽度增加。我们通过简单的 R - C 电路图 7 - 7(f) 模拟整个电化学系统反应。等效电路元件的物理含义如下：R_s 对应溶液电阻；R_t 为电荷转移电阻。在等效电路中，为了得到较好的拟合结果，我们使用恒相元件(CPE)来数学模拟电容。阻抗定义如下[9]：

$$Z_{CPE} = \frac{Z_0}{(jw)^n} \tag{7-2}$$

其中，$-1 \leqq n \leqslant 1$；Z_0 为常数。当 $n = 1$，Z_{CPE} 为理想电容；$n = 0$，Z_{CPE} 电阻；

$n = -1$，Z_{CPE}电感；$n = 0.5$，Warburg 阻抗。从图 7 – 7(a) ~ 图 7 – 7(d) 可以看出，我们的拟合数据与实验数据拟合较好。给了更好地定量解释腐蚀敏感性，我们通过 ZView 软件获得了 EIS 参数，如表 7 – 6 所示。相比 R_t，R_s 几乎可以忽略。此外，双层电容的变化也非常小。我们研究的所有合金的 $CPE – n$ 接近 1。增加时效时间，R_t 值随之增加。在相同的时效条件下，Al – Zn – Mg – Sc – Zr 合金相比 Al – Zn – Mg 合金具有较高的 R_t 值。在所有实验中，R_t 与电流腐蚀密度 I_{corr} 成反比。延长时效时间及添加微量钪锆降低了合金腐蚀电流密度，增加了电荷转移电阻，因此增强了 Al – Zn – Mg 合金的腐蚀抗力。

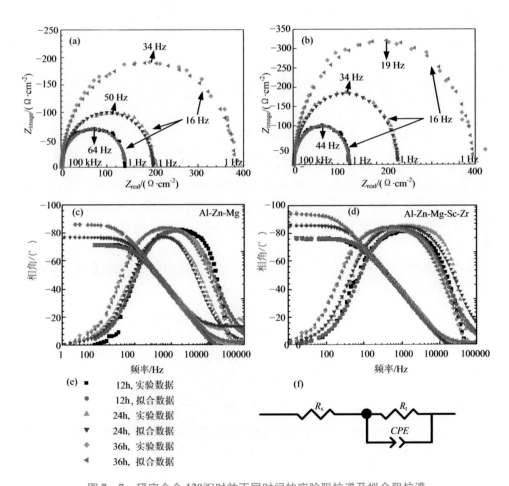

图 7 – 7　研究合金 120℃时效不同时间的实验阻抗谱及拟合阻抗谱

Al – Zn – Mg 合金：(a) Nyquist 图；(c) Bode 图；Al – Zn – Mg – Sc – Zr 合金：(b) Nyquist 图；(d) Bode 图；(e) 图 7 – 7(a) – 图 7 – 7(d) 中不同颜色符号代表的不同时效状态下的实验值与拟合值；(f) 拟合电路

表 7-6   通过等效电路获得的 EIS 拟合参数

合金	时效制度	$R_s/(\Omega \cdot cm^{-2})$	$R_t/(\Omega \cdot cm^{-2})$	$CPE-T/(F \cdot cm^{-2})$	$CPE-n$
Al-Zn-Mg	120℃/12 h	0.73	140.0	1.33×10^{-5}	0.99
	120℃/24 h	2.50	199.6	1.15×10^{-5}	0.99
	120℃/36 h	1.13	379.3	1.12×10^{-5}	0.99
Al-Zn-Mg-Sc-Zr	120℃/12 h	0.79	200.0	1.29×10^{-5}	0.99
	120℃/24 h	0.52	374.0	1.22×10^{-5}	0.99
	120℃/36 h	1.09	649.4	1.31×10^{-5}	0.99

7.5   分析与讨论

7.5.1   微量钪锆对合金腐蚀性能的影响

从第 5 章可知,经固溶时效后 Al-Zn-Mg 合金发生了再结晶,峰时效 Al-Zn-Mg合金的晶界主要为 30°~50°大角度晶界,晶粒尺寸约为 8.26 μm,而 Al-Zn-Mg-0.25Sc-0.10Zr峰时效合金组织则由纤维状亚晶构成,亚晶晶粒尺寸为 0.93 μm,其亚晶界取向差基本小于 10°。此外,对比 Al-Zn-Mg 和 Al-Zn-Mg-Sc-Zr时效合金显微组织,在同种时效条件下合金的时效析出相基本没有差别,唯一不同的是 Al-Zn-Mg-Sc-Zr 合金中的 PFZs 宽度较 Al-Zn-Mg 合金窄。

因此,钪锆微合金化对 Al-Zn-Mg 时效合金显微组织的影响主要包括两点:一是抑制再结晶,二是 PFZ 窄化。对比再结晶的 Al-Zn-Mg 合金,没有再结晶的 Al-Zn-Mg-Sc-Zr 合金拥有较高的晶界结合力,这是导致在 SSRT 试验中钪锆添加使 Al-Zn-Mg 合金的断裂模式由沿晶断裂转为晶间断裂的一个重要原因。此外,根据文献[17, 18, 23, 24]可知,大角度晶界相比小角度晶界,更倾向于作为 SCC 的腐蚀通道。Tsai[7]指出,晶粒细化有利于减少平面滑移,易于形成更均匀的滑移模式。均匀的滑移模式可以有效减少沿晶断裂及 SCC 敏感性。因此,Al-Zn-Mg-Sc-Zr 合金相比 Al-Zn-Mg 合金具有较好的 SCC 抗力。此外,狭窄的 PFZ 可以降低晶界区域和晶粒内部的电化学性能差异,因此可以抑制部分阳极反应,从而提高合金的腐蚀抗力。

7.5.2   时效制度对合金腐蚀性能的影响

第 5 章的实验结果表明,在欠时效的研究合金中的时效相基本为 GP 区,随时效时间的延长，时效析出相逐渐在晶界及晶内粗化，经 120℃/36 h 时效处理后，PFZs 形成，晶界平衡相离散度增加，且晶界析出相尺寸基本均大于 20 nm。

7xxx 铝合金 SCC 主要存在两种机制[7,25,26]，阳极溶解和氢脆。然而，至于到底是哪种机制起作用，至今无一定论。

在阳极溶解机制中，合金的开裂速度主要受阳极溶解速度控制，如晶界析出相（GBPs）的溶解[26]。较大尺寸及较大离散度的晶界析出相可以降低阳极溶解速度。因此，随时效时间的延长，合金的裂纹扩展速率降低，SCC 敏感性降低。在氢脆机制中[27]，增加基体时效相尺寸可以减少平面滑移，导致更均匀的滑移模式。均匀的滑移模式可以有效减少氢向晶界的转移速度，从而减少通过可动位错诱发的晶界开裂，从而降低合金 SCC 敏感性[28]。此外，GBPs 尺寸的变化也可用来解释 7xxx 系铝合金 SCC 敏感性[29]。晶界中较大的 η 时效相可以俘获氢原子形成氢气泡，从而使氢富集降低到了一临界值来抑制氢脆的发生。Christodoulou 和 Christodoulou[30]研究表明，要形成氢气泡，GBPs 的尺寸必须大于 20 nm。从我们的研究可知，两种合金在欠时效和峰时效的 GBPs 基本均小于 20 nm，但是过时效的 GBPs 大部分大于 20 nm，因此，过时效的研究合金拥有较好的 SCC 抗力。

由于剥落腐蚀是由晶间腐蚀发展而来的，因此，这两种腐蚀机制一起讨论。现存的被广泛接受的解释晶间腐蚀和剥落腐蚀机制为[31,32]：晶界相与晶界周围的其他电极的电位差，导致晶界析出相的阳极溶解。为了解释研究合金的腐蚀敏感性，我们需考虑电化学行为。王[33]指出，在 7A04 合金中（与我们的研究合金成分相近），晶界的 η 相、PFZ 和基体的电位分别为：−0.86、−0.57 和 −0.68 V。因此，η 相相对于基体及 PFZs 为阳极，在晶间腐蚀中将发生阳极溶解。当晶界存在连续的 η 时效相时，其为敏感的阳极通道，为晶间腐蚀和剥落腐蚀提供腐蚀通道。随时效时间的延长，合金晶界的 η 相逐渐变得粗大及不连续，因此，来自阳极的 GBPs 和基体周围的微电池反应提供的阳极腐蚀通道减弱，合金的腐蚀电流密度降低，腐蚀电阻增加，合金的晶间腐蚀和剥落腐蚀抗力增强。

参考文献

[1] K. El‐Menshawy, A. W. A. El‐Sayed, M. E. El‐Bedawy, et al. Effect of aging time at low aging temperatures on the corrosion of aluminum alloy 6061[J]. Corrosion. Science, 2012, 54: 167−173.

[2] R. K. Viswanadham, T. S. Sun, J. A. S. Green. Grain boundary segregation in Al−Zn−Mg alloys − Implications to stress corrosion cracking[J]. Metallurgical and Materials Transaction A,

1980, 11: 85 – 89.

[3] S. P. Knight, N. Birbilis, B. C. Muddle, et al. Correlations between intergranular stress corrosion cracking, grain – boundary microchemistry, and grain – boundary electrochemistry for Al – Zn – Mg – Cu alloys[J]. 2010, 52: 4073 – 4080.

[4] J. Wloka, T. Hack, S. Virtanen. Influence of temper and surface condition on the exfoliation behaviour of high strength Al – Zn – Mg – Cu alloys [J]. Corrosion Science, 2007, 49: 1437 – 1449.

[5] F. Andreatta, H. Terryn, J. H. W. de Wit. Corrosion behaviour of different tempers of AA7075 aluminium alloy[J]. Electrochimestry Acta, 2004, 49: 2851 – 2862.

[6] T. Marlaud, B. Malki, A. Deschamps, et al. Electrochemical aspects of exfoliation corrosion of aluminum alloys: The effects of heat treatment[J]. Corrosion Science, 2011, 53: 1394 – 1400.

[7] T. C. Tsai, T. H. Chuang. Role of grain size on the stress aluminum corrosion cracking of 7475 alloys [J]. Materials Science and Engineering A, 1997, 225: 135 – 144.

[8] M. Bobby Kannan, V. S. Raja. Enhancing stress corrosion cracking resistance in Al – Zn – Mg – Cu – Zr alloy through inhibiting recrystallization[J]. Engineering Fracture Mechanics, 2010, 77: 249 – 256

[9] Y. P. Xiao, Q. L. Pan, W. B. Li, et al. Influence of retrogression and re – aging treatment on corrosion behaviour of an Al – Zn – Mg – Cu alloy [J]. Materials & Design, 2011, 32: 2149 – 2156.

[10] K. El – Menshawy, A. W. A. El – Sayed, M. E. El – Bedawy, et al. Effect of aging time at low aging temperatures on the corrosion of aluminum alloy 6061[J]. Corrosion Science, 2012, 54: 167 – 173

[11] J. Wloka, T. Hack, S. Virtanen. Influence of temper and surface condition on the exfoliation behaviour of high strength Al – Zn – Mg – Cu alloys [J]. Corrosion Science, 2007, 49: 1437 – 1449.

[12] L. P. Huang, K. H. Chen, S. Li, et al. Influence of retrogression and reaging on microstructure, mechanical properties and susceptibility to stress corrosion cracking of an Al – Zn – Mg alloy[J]. Materials Corrosion, 2004, 55: 77 – 87

[13] Y. Reda, R. Abdel – Karim, I. Elmahallawi. Improvements in mechanical and stress corrosion cracking properties in Al – alloy 7075 via retrogression and reaging[J]. Materials Science and Engineering A, 2008, 485: 468 – 475.

[14] G. T. Burstein, G. O. Ilevbare. The effect of specimen size on the measured pitting potential of stainless[J]. Corrosion Science, 1996, 38: 2257 – 2265.

[15] G. T. Burstein, R. M. Organ. Repassivation and pitting of freshly generated aluminium surfacesin acidic nitrate solution[J]. Corrosion Science, 2005, 47: 2932 – 2955.

[16] G. T. Burstein. A hundred years of Tafel's Equation: 1905 – 2005[J]. Corrosion Science, 2005, 47: 2858 – 2870

[17] K. D. Ralston, D. Fabijanic, N. Birbilis. Revealing the relationship between grain size and

corrosion rate of metals[J]. Electrochimestry Acta, 2011, 56: 1729 – 1736

[18] K. D. Ralston, N. Birbilis, C. H. J. Davies. Effect of grain size on corrosion of high purity aluminium, Scripta Materialia, 2010, 63: 1201 – 1204

[19] A. Zaki, U. H. Anwar, B. J. Abdul – Aleem, The corrosion behavior of scandium alloyed Al 5052 in neutral sodium chloride solution[J]. Corrosion Science, 2001, 43: 1227 – 1243.

[20] H. C. Fang, K. H. Chen, X. Chen, et al. Effect of Cr, Yb and Zr additions on localized corrosion of Al – Zn – Mg – Cu alloy[J]. Corrosion Science, 2009, 51: 2872 – 2877

[21] L. P Huang, K. H. Chen, S. Li, et al. Influence of high – temperature pre – precipitation on local corrosion behavior of Al – Zn – Mg alloy[J]. Scripta Materialia, 2007, 56: 305 – 308.

[22] A. Conde, J. de Damborenea. Electrochemical modelling of exfoliation corrosion behaviour of 8090 alloy[J]. Electrochimestry Acta, 1998, 43: 849 – 860

[23] H. Tanaka, H. Esaki, K. Yamada, et al. Improvement of mechanical properties of 7475 based aluminum alloy sheets by controlled warm rolling[J]. Metallurgical and Materials Transactions A, 2004, 45: 69 – 74

[24] T. Minoda, H. Yoshida. Effect of grain characteristic on intergranular corrosion resistance of 6061 aluminum alloy extrusion[J]. Metallurgical and Materials Transactions A, 2002, 33: 2891 – 2898.

[25] D. Najjar, T. Magnin, T. J. Warner. Influence of critical surface defects and localized competition between anodic dissolution and hydrogen effects during stress corrosion cracking of a 7050 aluminium alloy[J]. Materials Science and Engineering: A, 1997, 238: 293 – 302.

[26] Y. L. Wu, F. H. Froes, A. Alvarez, et al. Microstructure and properties of a new super – high – strength Al – Zn – Mg – Cu alloy C912[J]. Materials & Design, 1997, 18: 211 – 215

[27] D. Nguyen, A. W. Thompson, I. M. Bernstein. Microstructural effects on hydrogen embrittlement in a high purity 7075 aluminum alloy [J]. Acta Metallurgica, 1987, 35: 2417 – 2425.

[28] J. Albrecht, I. M. Bernstein, A. W. Thompson. Evidence for Dislocation Transport of Hydrogen in Aluminum[J]. Metallurgical and Materials Transactions A, 1982, 13: 811 – 820.

[29] J. K. Park, A. J. Ardell. Effect of retrogression and reaging treatments on the microstructure of Al – 7075 – T651[J]. Metallurgical and Materials Transactions A, 1984, 15: 1531 – 1543.

[30] L. Christodoulou, H. M. Flower. Hydrogen embrittlement and trapping in Al – 6% Zn – 3% Mg [J]. Acta Metallurgica, 1980, 28: 481 – 487

[31] L. P. Huang, K. H. Chen, S. Li, et al. Influence of retrogression and reaging on microstructure, mechanical properties and susceptibility to stress corrosion cracking of an Al – Zn – Mg alloy[J]. Materials Corrosion, 2004, 55: 77 – 87.

[32] Y. Reda, R. Abdel – Karim, I. Elmahallawi. Improvements in mechanical and stress corrosion cracking properties in Al – alloy 7075 via retrogress and reaging[J]. Materials Science and Engineering A, 2008, 485: 468 – 475.

[33] 王祝堂, 田荣璋. 铝合金及其加工手册[M]. 长沙: 中南大学出版社, 2004.

第8章 钪锆微合金化对成品板材
焊接接头组织性能的影响

要实现航天铝合金的工程应用,许多场合需对其进行焊接。目前,钨极氩弧焊(tungsten inert gas welding,TIG)是应用最广的熔化焊接工艺,搅拌摩擦焊(friction stir welding,FSW)是近年来发展的新型固相连接技术。本章运用上述两种焊接技术,对 Al – Zn – Mg 和 Al – Zn – Mg – 0.25Sc – 0.10Zr(w,%)两种合金成品板材进行焊接。氩弧焊接电压为 12 ~ 14 V,保护氩气流速 12 L/min,电流 95 ~ 102 A,焊接速度 120 mm/min,焊丝为自行研制的 Al – 6.5 Mg – 0.35 Sc – 0.15 Zr(w,%);搅拌摩擦焊接采用圆柱形搅拌针,轴肩直径 10 mm,针尖直径 2 mm,转速 500 ~ 600 r/min,焊速 200 mm/min。通过性能测试及近代显微组织观察,对比研究钪锆微合金化对 Al – Zn – Mg 合金成品板材焊接接头组织性能的影响。

8.1 焊接性能

焊接件力学性能拉伸试样尺寸如图 8 – 1 所示,拉伸方向垂直于焊接方向,焊缝中心与拉伸样长向中心重合。

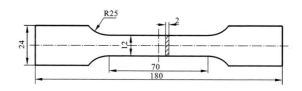

图 8 – 1 焊接件拉伸尺寸/mm

研究合金基材、焊丝和焊接接头的力学性能如表 8 – 1 所示。由表可知,对 Al – Zn – Mg 合金而言,其 TIG 接头的屈服强度、抗拉强度和延伸率分别为 253 MPa,398 MPa 和 8.7%,FSW 接头对应的性能值分别为:324 MPa,452 MPa 和 7.74%。对比 Al – Zn – Mg 合金,Al – Zn – Mg – Sc – Zr 合金 TIG 接头的屈服强度和抗拉强度分别提高了 59 MPa(23.3%)和 16 MPa(4.0%),FSW 接头相应值分别提高了 77 MPa(23.8%)和 54 MPa(11.9%)。Al – Zn – Mg – Sc – Zr 合金 FSW 接头的抗拉强度、延伸率和焊接系数分别达到了 506 MPa,6.34% 和 91.0%,其焊接性能甚至优于近期报道的超高强 Al – Zn – Mg – Cu 合金 FSW 焊件[1]。此外，与 TIG 接头比较，FSW 接头具有更加优异的力学性能。Al – Zn – Mg 合金 FSW 接头的屈服强度和抗拉强度分别高于 TIG 接头 72 MPa（28.5%）和 54 MPa（13.6%），Al – Zn – Mg – Sc – Zr 合金 FSW 接头相应值分别高于 TIG 接头 89 MPa（28.5%）和 92 MPa（22.2%），与此同时，FSW 接头具有较高的延伸率。从上述试验结果可以看出，相比 Al – Zn – Mg 合金，FSW 工艺可更大幅提高 Al – Zn – Mg – Sc – Zr合金焊接性能。此外，从试验误差来看，相比 TIG 接头，FSW 接头性能更为稳定。

表 8 – 1　焊丝、成品板材和接头力学性能

合金		屈服强度/MPa	抗拉强度/MPa	延伸率/%	焊接系数/%
Al – Mg	焊丝	320 ± 3	415 ± 5	12.5 ± 0.2	—
Al – Zn – Mg	基材	439 ± 2	498 ± 1	16.5 ± 0.7	—
	TIG 接头	253 ± 2	398 ± 7	8.7 ± 1.9	80.3 ± 1.4
	FSW 接头	324 ± 7	452 ± 5	7.74 ± 0.1	90.8 ± 0.9
Al – Zn – Mg – Sc – Zr	基材	535 ± 2	556 ± 2	12.1 ± 0.4	—
	TIG 接头	312 ± 9	414 ± 10	4.9 ± 1.3	75.2 ± 3.6
	FSW 接头	401 ± 4	506 ± 4	6.34 ± 0.2	91.0 ± 0.1

对于 TIG 焊接接头而言，其主要由基材区、热影响区和熔合区三个微区构成；FSW 焊接接头则由基材区、热影响区、热机影响区和焊核区四个微区构成[2,3]。焊件的力学性能受其最薄弱微区性能限制，而接头的断裂位置可直观反映接头的最薄弱微区位置。

图 8 – 2 为两种合金焊件拉伸样品断裂后的形貌，由图可知，本研究中，两种合金 TIG 接头的断裂位置均位于熔合区和热影响区之间的熔合界面 [图 8 – 2（a）和图 8 – 2（b）]。然而，根据以往文献报道[4,5]，TIG 焊接的 Al – Zn – Mg 合金一般在熔合区失效。造成上述差异的原因主要是因为，在以往的研究中，Al – Zn – Mg 高强合金均是采用传统的中强 Al – Mg 焊丝，该焊丝强度低，以至于焊接接头余高不足以补偿熔合区的低强度。在我们的研究中，采用了自行设计的 Al – Mg – Sc – Zr 焊丝进行 TIG 焊接，该焊丝相比传统焊丝具有更高强度（表 8 – 1），因此，本研究中焊件断裂并没有发生在熔合区。两种 FSW 接头断裂均发生在焊缝中心位置[图 8 – 2 （c）]。

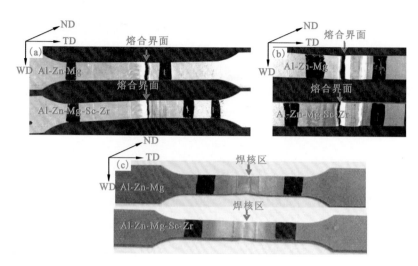

图 8 - 2　焊件拉伸样品的断裂位置

TIG 焊接接头：(a)表面；(b)背面；(c)FSW 焊接接头

图 8 - 3 为两种研究合金的 TIG 和 FSW 焊接接头断口形貌。由图可知，所研究的接头均为韧性穿晶断裂，断裂面上存在大量韧窝。由于 TIG 的断裂位置为熔合区和热影响区的交界处，因此，我们分别观察了其靠近热影响区和靠近熔合区的断口，如图 8 -3(a) ～图 8 -3(e)所示。由图可知，相比靠近熔合区断口，靠近熔合区的断裂面韧窝更大，且存在较粗大的残留相，如图 8 - 3 (a)和图 8 -3(b)箭头所示。经 EDS 分析，可确定其为富 Fe，Mn 和 Si 的杂质相，该相在接头发生塑性变形时可诱发应力集中，从而降低接头的塑性和强度。与 TIG 接头断口相比，FSW 接头断口中的韧窝更为细小且更均匀[图 8 - 3 (f)和 图 8 -3(g)]。在相同的焊接工艺条件下，由于 Al - Zn - Mg - Sc - Zr 合金接头具有更小的晶粒尺寸，因此其断口上韧窝比 Al - Zn - Mg 合金接头更为细小。

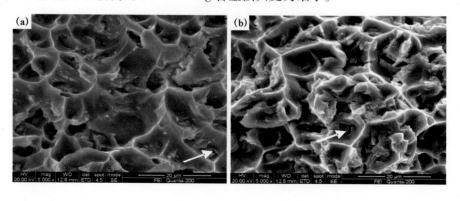

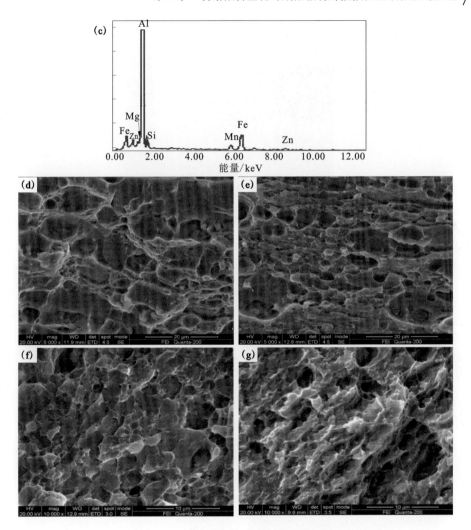

图 8 – 3　焊件拉伸样品的扫描断口形貌

TIG 焊接接头，靠近熔合区：(a) Al – Zn – Mg 合金；(b) Al – Zn – Mg – Sc – Zr 合金；(c) 图 8 – 3(a) 和图 8 – 3(b) 中脆性相能谱分析 (EDS)；靠近热影响区：(e) Al – Zn – Mg 合金；(f) Al – Zn – Mg – Sc – Zr 合金；FSW 焊接接头：(f) Al – Zn – Mg 合金；(g) Al – Zn – Mg – Sc – Zr 合金

8.2　TIG 接头显微组织

从 8.1 结果可知，TIG 焊接接头断口存在大量的脆性杂质相，因此有必要研究断裂位置附近的化学非均匀性。图 8 – 4 为 TIG 接头熔合界面附近的扫描背散射电子显微组织和 EDS 分析结果。

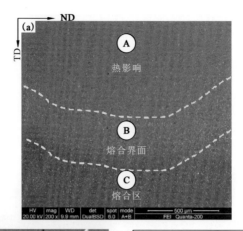

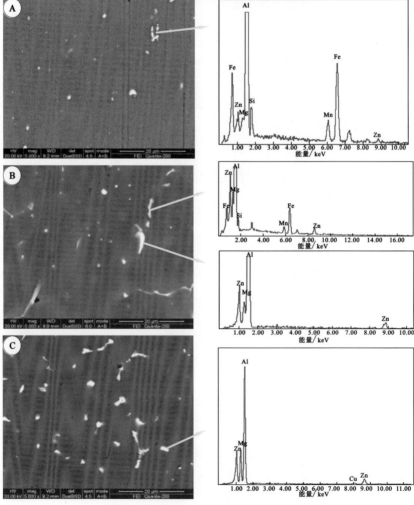

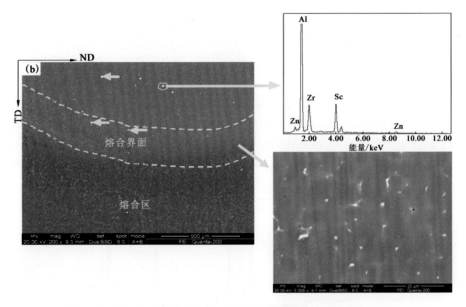

图 8-4　TIG 接头中晶间相的背散射电子显微组织和 EDS 分析
(a) Al-Zn-Mg 合金；(b) Al-Zn-Mg-Sc-Zr 合金

在两种合金 TIG 焊接接头中，熔合区均由粗大的树枝晶构成，在晶界和枝晶间存在共晶网络，通过 EDS 分析确定，共晶相主要为富 Zn 和 Mg 的铝化物，该区高含量的 Zn 元素主要来源于母材。在熔合界面处，非平衡相的富集大大多于其他微区，该区同时存在富 Fe、Mn 和 Si 元素杂质相和富 Zn 和 Mg 元素共晶晶界相。非平衡相在该区域的富集可形成脆性层，致使接头在此断裂。相比 Al-Zn-Mg 合金 TIG 接头，Al-Zn-Mg-Sc-Zr 接头熔合界面处晶粒更为细小，且晶界共晶相更为分散不连续。由于接头基材为 T6 态，因此，在热影响区和基材区只存在少量的富 Fe、Mn 和 Si 杂质相。

此外，在 Al-Zn-Mg-Sc-Zr 合金接头热影响区和熔合界面可观察到大量粗大的初生 Al₃(Sc, Zr) 粒子，如图 8-4(b) 箭头所示，但在熔合区，较难观察到该粒子。Norman[6] 指出，在熔合区，当 Zr 含量为 0.15% 时，Sc 含量只有超过约 0.4% 才可以形成初生 Al₃(Sc, Zr) 粒子来细化晶粒。该现象与以前报道的 Al-Sc 合金[7] 和 7000 系铝合金[8] 类似，即只有当 Sc 含量高于 0.55% 或添加 0.10% Zr 的同时添加高于 0.18% Sc 才能起到细化晶粒的效果。这是因为在 α-Al 凝固之前，需要有足够的 Sc 促使析出形成 L1₂ 晶体结构的 Al₃Sc 或 Al₃(Sc, Zr) 粒子，从而提供额外的异质晶核。在工程应用中，由于熔池存在成分波动，因此熔合区内的 Sc 含量需高于 0.4% 的临界水平。在本研究中，Al-Zn-Mg-Sc-Zr 合金 TIG

接头基材和焊丝均包含少于 0.4% Sc 和 0.10% Zr，并没有达到促使晶粒细化的临界 Sc 含量，因此在熔合区内很难形成 $Al_3(Sc, Zr)$ 粒子。因此，在熔合区内，Al – Zn – Mg 和 Al – Zn – Mg – Sc – Zr 合金 TIG 接头的晶界和枝晶偏析程度基本相同。

为了精确确定接头不同微区的物相，两种研究合金 TIG 接头不同微区 XRD 图谱如图 8 – 5 所示。由于熔合界面区域较窄，因此没有对该区进行 XRD 测试。从图 8 – 5 可知，Al – Zn – Mg 和 Al – Zn – Mg – Sc – Zr 合金接头 XRD 结果基本相同；基材和热影响区由 α（Al）和 η（$MgZn_2$）相构成；熔合区域则由 α（Al）和 $T[Mg_{32}(Al, Zn)_{49}]$ 相组成，图 8 – 4 中的富锌镁相即为 $T[Mg_{32}(Al, Zn)_{49}]$ 相。

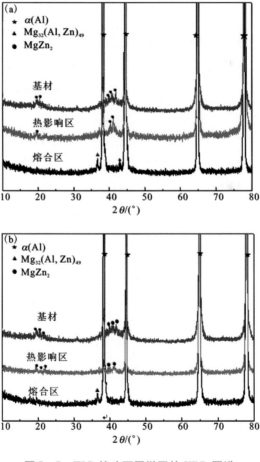

图 8 – 5　TIG 接头不同微区的 XRD 图谱

（a）Al – Zn – Mg 合金；（b）Al – Zn – Mg – Sc – Zr 合金

结合 EDS 和 XRD 分析结果可知，两种 TIG 接头基材区和热影响区存在
η（$MgZn_2$）和少量的 Fe、Mn 和 Si 杂质相；熔合区主要有共晶 T$[Mg_{32}(Al, Zn)_{49}]$
相；大量的 T$[Mg_{32}(Al, Zn)_{49}]$ 相和少量的 Fe、Mn 和 Si 杂质相则存在熔合界面。
此外，对于 Al – Zn – Mg – Sc – Zr TIG 接头，基材区，热影响区和熔合界面还存在
少量的初生 $Al_3(Sc, Zr)$ 粒子。

　　两种合金 TIG 接头熔合界面处的晶粒组织如图 8 – 6 所示。由图可知，两种
合金接头熔合区晶粒粗大，其尺寸为 50 ~ 100 μm。在熔合界面，Al – Zn – Mg接
头主要由再结晶的等轴晶粒构成，其尺寸约为 25 μm［图 8 – 6(a)］，然而，
Al – Zn – Mg – Sc – Zr合金接头则由轧制位向的变形晶粒和少量等轴晶构成
［图 8 –6(b)］。造成两种接头上述显微组织差异的原因为：在焊接过程中，熔合

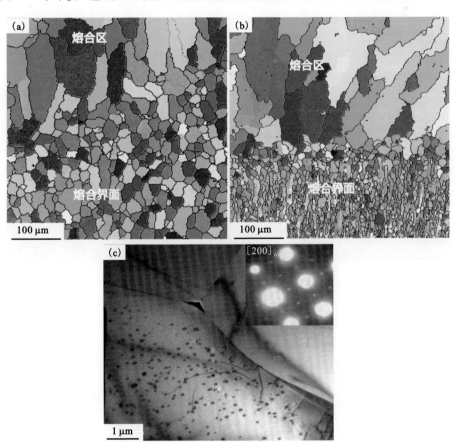

图 8 – 6　熔合界面处的显微组织

（a）Al – Zn – Mg TIG 接头；（b）Al – Zn – Mg – Sc – Zr TIG 接头；（c）$Al_3(Sc, Zr)$粒子及其衍射花样

界面处存在较大的金属流动[2,3,5]，存在于母材中的$L1_2$结构的$Al_3(Sc,Zr)$纳米粒子在焊接过程中卷入熔池边界，从而可抑制该区的晶粒长大和再结晶的发生[图8-6(c)]。根据文献报道[3,9,10]，焊接过程中熔合界面处的温度可升至630℃，Marquis[11]指出Al_3Sc粒子具有异常热稳定性[高达$(1320\pm7℃)$]，此外，Zr可在Al_3Sc粒子外层形成Zr球壳[也就是$Al_3(Sc,Zr)$粒子][7,8,12,13]，从而进一步提高了钪锆粒子的热稳定性，因此，即使温度接近于铝合金的熔点，该粒子仍能保持高的弥散度，从而抑制晶粒长大。此外，在该微区，时效相均已完成回溶进入基体中。

图8-7为TIG接头热影响区的显微组织。由图可知，在热影响区内，Al-Zn-Mg接头由14.4 μm的再结晶晶粒构成[图8-7(a)]，而Al-Zn-Mg-Sc-Zr接头由于存在20~40 nm的$Al_3(Sc,Zr)$粒子，仍然保持拉长的未再结晶晶粒[图8-7(a)~图8-7(c)]。

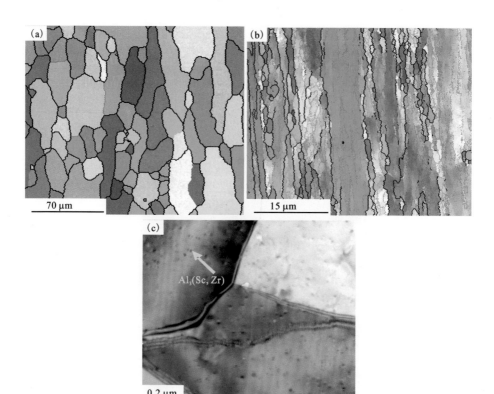

图8-7 TIG接头热影响区显微组织

(a)Al-Zn-Mg合金；(b),(c)Al-Zn-Mg-Sc-Zr合金

8.3 FSW 接头显微组织

图 8-8 为两种研究合金 FSW 接头背散射电子形貌。由图可知，相比 TIG 接头，FSW 接头内只存在少量的白色相，根据 EDS 结果，残留相主要为富 Fe 和 Si 的非溶杂质相。该相在接头中的分布和尺寸主要受搅拌焊接过程中的塑性变形影响：焊核区内经历了强烈搅拌和破碎，因此该区内杂质相细小均匀；由于杂质相相比铝基体，具有较高比重，焊接时部分杂质相随着搅拌针的旋转从焊核区富集到了热机影响区，且其沿塑性变形方向分布；杂质相在热影响区和基体中的分布则与 TIG 接头相同。尽管杂质相在热机影响区内富集，但是 FSW 的断裂位置则位于焊核区，因此，在 FSW 接头中，杂质相对塑性影响较小。此外，在 Al-Zn-Mg-Sc-Zr 合金接头中，还可观察到初生的 $Al_3(Sc, Zr)$ 粒子，如图 8-8 (b) 中箭头所示。

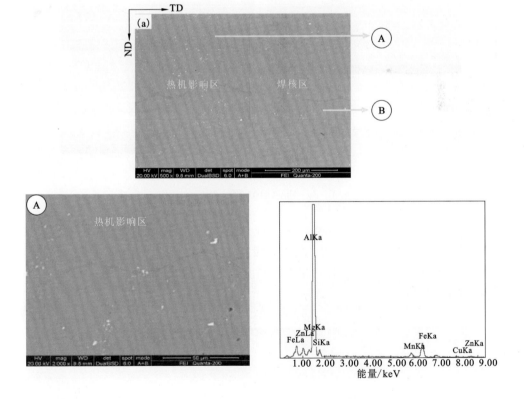

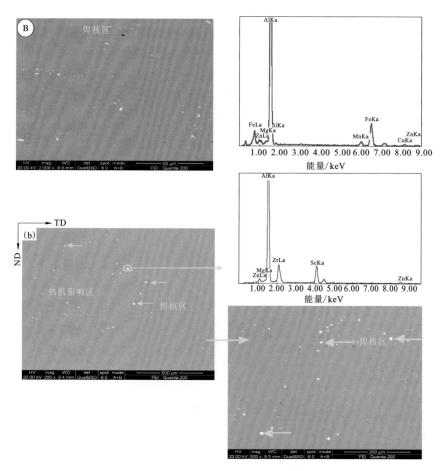

图 8 – 8　FSW 接头背散射电子照片和 EDS 分析

（a）Al – Zn – Mg；（b）Al – Zn – Mg – Sc – Zr

　　Al – Zn – Mg 和 Al – Zn – Mg – Sc – Zr 焊接接头的金相宏观形貌基本相同，如图 8 – 9 所示。在本研究中，焊接接头内没有观察到洋葱环，但可以看到典型的金属流变形貌。此外，整个搅拌焊接头的厚度分布是不均匀的，焊核中心厚度 H_1 小于母材原始厚度 H_0。

图 8 – 9　FSW 接头宏观形貌

　　受剧烈的塑性变形和摩擦热影响，焊核区呈超细晶粒结构，因此我们使用 EBSD 和 TEM 技术进行表征，如图 8 - 10 所示。焊核区的晶粒主要由大角度晶界构成，如图 8 - 10 (a) 和图 8 - 10(c) 所示，但仍有少量的亚结构存在于晶粒内部，如图 8 - 10 (b)、图 8 - 10(d)、图 8 - 10(e) 和 图 8 - 10(f) 所示。此外，在 Al - Zn - Mg - Sc - Zr 接头中可观察到大量共格的 20 ~ 40 nm 中粒尺寸的二次 $Al_3(Sc, Zr)$ 粒子[图 8 - 10 (g)]。该区粒子尺寸与前述章节的基材基本相同，因此，可以推断出，二次 $Al_3(Sc, Zr)$ 粒子具有较高的热稳定性，在焊接过程中不发生粗化，且该粒子可强烈抑制位错运动和晶界或亚晶界迁移，如 8 - 10 (g) 中箭头所示，从而使 Al - Zn - Mg - Sc - Zr 接头焊核区仍保持大量小角度晶界和细小晶粒。此外，焊核区内并没有观察到时效相 [图 8 - 10 (g)]。

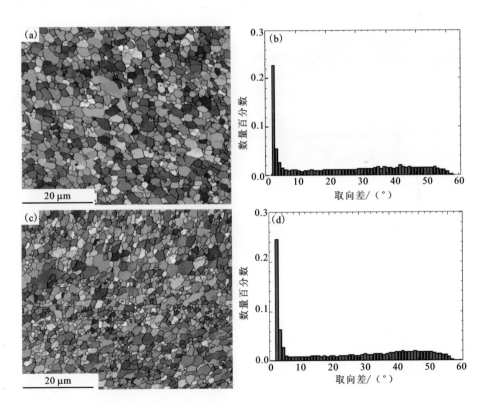

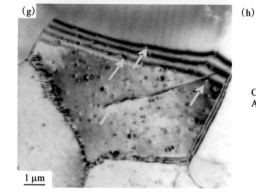

图 8 - 10　两种研究合金 FSW 接头焊核区显微组织

(a)EBSD 位向图, Al - Zn - Mg；(b)取向差分布, Al - Zn - Mg；(c)EBSD 位向图, Al - Zn - Mg - Sc - Zr；(d)取向差分布, Al - Zn - Mg - Sc - Zr；(e)TEM 明场像, Al - Zn - Mg；(f)和(g)TEM 明场像, Al - Zn - Mg - Sc - Zr；(h)图 8 - 10(a)和图 8 - 10(c)中不同颜色线代表的晶界取向差, 以及不同颜色晶粒代表的晶体位向

图 8 - 11 为两种研究合金 FSW 接头的热机影响区显微组织形貌。由于受塑性变形的影响, 该区由变形晶粒构成[图 8 - 11 (a)和图 8 - 11(b)], 在晶粒内部存在大量的位错和亚结构。在钪锆添加合金接头中, 因焊核区内仍存在共格细小的二次 $Al_3(Sc, Zr)$ 粒子, 该粒子与晶界、位错和亚晶界交互作用, 使焊核区晶粒更为细小, 且保留了更多的亚结构 [如图 8 - 11(c) ~ 图 8 - 11(e)所示]。焊接过程中, 热影响区经历的热输入远远小于热机影响区和焊核区, 因此, 可以预计热影响区内也并没有发生 $Al_3(Sc, Zr)$ 粒子粗化。综合前述实验结果, 可以得出 $Al_3(Sc, Zr)$ 粒子在整个 FSW 接头中始终保持纳米尺寸(20 ~ 40 nm), 且与基体共格。根据 Iwamura[14] 文献报道可知, $Al_3(Sc, Zr)$ 粒子只有其尺寸大于 80 nm 时才能发生粗化, 因此, 本研究与现有文献结果是一致的。

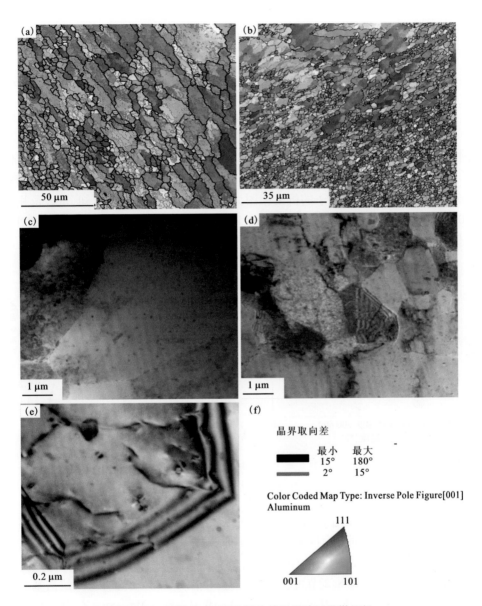

图 8 – 11　两种合金 FSW 接头热机影响区显微组织

Al – Zn – Mg 合金：(a)EBSD 位向图；(c)TEM 明场像；Al – Zn – Mg – Sc – Zr 合金：(b)EBSD 位向图；(d)和(e)TEM 明场像 (f)图 8 – 11(a)和图 8 – 11(b)中不同颜色线代表的晶界取向差，以及不同颜色晶粒代表的晶体位向

8.4　分析与讨论

8.4.1　钪锆微合金化对 Al – Zn – Mg 合金 TIG 接头显微组织和力学性能影响

在时效可强化铝合金中，材料的强度或硬度主要由时效强化相的溶解、粗化和析出决定。在 Al – Zn – Mg 系铝合金中，时效析出序列如下[15]：过饱和固溶体（α）→ GP 区 →η'（$MgZn_2$）→η（$MgZn_2$）。通过 JMatPro 5.1 热力学软件计算，$MgZn_2$相和 Al_3(Sc，Zr)粒子的析出相图如图 8 – 12 所示。由图可知，$MgZn_2$相在 380℃已完全回溶入基体中，而 Al_3(Sc，Zr)粒子在温度高于铝合金熔点（650℃）时仍然存在。

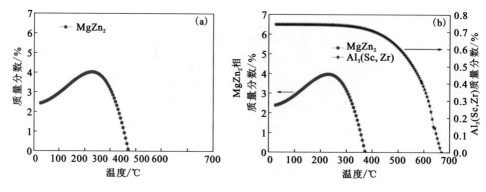

图 8 – 12　研究合金中 $MgZn_2$相和 Al_3(Sc，Zr)粒子相图

(a)Al – Zn – Mg 合金；(b)Al – Zn – Mg – Sc – Zr 合金

为了建立接头显微组织和力学性能关系，对 TIG 接头进行了硬度测试，结果如图 8 – 13 所示。不同显微区域的位置通过宏观形貌和金相显微组织确定。

从图 8 – 13 可知，在整个 TIG 接头中，熔合区硬度最低，由于两种母材合金采用相同焊丝，且根据 8.2 节可知，Al – Zn – Mg – Sc – Zr 合金母材的钪锆基本没有改变熔合区显微组织，因此，Al – Zn – Mg 和 Al – Zn – Mg – Sc – Zr 合金接头熔合区硬度基本相同。熔合区由粗大枝晶和严重的枝晶和晶界共晶相构成，且缺少强化相，因此该区硬度最低。如果移去 TIG 接头余高，接头将在此区域断裂。

相比熔合区的粗大枝晶结构，在熔合界面（距离焊缝中心约 5 mm）的晶粒更为细小（图 8 –6），因此，界面区域细晶强化加强，其硬度略高于熔合区。尽管如此，熔合界面仍是接头的低强区域，且不同于熔合区，其没有余高补强。此外，

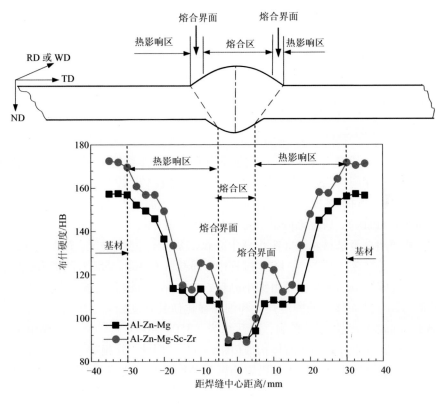

图 8 – 13　TIG 接头硬度分布

该区域存在大量的 T[Mg$_{32}$(Al, Zn)$_{49}$] 相和 Fe、Mn 和 Si 杂质脆性相，因此接头在此位置发生断裂。

　　从熔合界面到未受影响的母材区(焊接温度从 600℃ 降低到室温)，图 8 – 13 硬度分布可以细分为三个区域：热影响区（Ⅰ）(离焊缝中心 5 ~ 10 mm)，热影响区(Ⅱ)(离焊缝中心 12.5 mm)和热影响区(Ⅲ)(离焊缝中心 12.5 ~ 30 mm)。在热影响区（Ⅰ）区，硬度随离熔合界面的距离增加而升高，该区的硬度增加可归因于 T[Mg$_{32}$(Al, Zn)$_{49}$] 相偏析程度逐渐降低，固溶强化增强；在热影响区(Ⅱ) 区，其在热影响区中硬度最低，该区中 η'(MgZn$_2$)相转变为平衡的 η(MgZn$_2$) 相，因此，时效析出强化和固溶强化均达到最低值；在热影响区(Ⅲ)区，随距热影响区(Ⅱ)距离的增加，过时效程度降低，因此硬度值逐渐上升。

　　在整个 TIG 接头中，除了熔合区，Al – Zn – Mg – Sc – Zr 合金 TIG 接头硬度均高于 Al – Zn – Mg 合金 TIG 接头。由于 Al – Zn – Mg 合金基材由完全再结晶的粗大晶粒构成，在 TIG 焊接过程中，晶粒进一步长大。然而，Al – Zn – Mg – Sc – Zr

合金由未再结晶的变形晶粒构成，在 TIG 焊接过程中 $Al_3(Sc, Zr)$ 粒子与晶界或亚晶界及位错可发生强烈的交互作用，因此整个接头的亚结构强化、细晶强化和 $Al_3(Sc, Zr)$ 粒子本身的析出强化均高于 Al – Zn – Mg 合金接头。在熔合界面处，尽管 $Al_3(Sc, Zr)$ 粒子粗化，但是该区晶粒尺寸远小于 Al – Zn – Mg 合金接头熔合界面（图 8 – 6），因此该区硬度和接头强度均高于 Al – Zn – Mg 合金接头。

8.4.2 钪锆微合金化对 Al – Zn – Mg 合金 FSW 接头显微组织和力学性能影响

图 8 – 14 为研究合金 FSW 接头硬度分布，与大多数时效强化型铝合金 FSW 接头硬度分布相同[16]，其呈"W"形状。与基材相比较，焊接区为软化区域，随着距焊缝中心距离的增加，接头的硬度先缓慢增加或保持不变（距焊缝中心 0 ~ 4 mm，焊核区），后逐渐降低到最低值（距焊缝中心 4 ~ 6 mm，热机影响区），最后逐渐增加直至基材水平（距焊缝中心 6 ~ 18 mm，热影响区，热影响区）。

根据参考文献[17,18]，在 FSW 过程中，焊核区有 400 ~ 550℃ 的温升，且受剧烈的搅拌破碎影响，该区主要由细小晶粒、亚结构和过饱和固溶体构成（图 8 – 10 和图 8 – 12），从而该区的固溶强化和细晶强化使其硬度较高；在热机影响区，其受焊接热和较大塑性变形影响，温升约为（350 ~ 400℃）[19,20]，主要由变形晶粒、高密度位错和过饱和固溶体构成（图 8 – 11），因此，其相对于焊核区，细晶强化较弱，亚结构强化较强，从热机影响区到热影响区，变形程度降低，亚结构强化弱化，硬度逐渐降低；从热影响区到基材区，随离焊缝中心距离的增加，过时效程度增加，合金硬度逐渐上升，最后达到基材水平；在热影响区和热机影响区的交界处，其亚结构强化、细晶强化、时效析出强化和固溶强化均较弱，因此其硬度最低（图 8 – 14）。FSW 焊接接头的硬度最低值出现在热影响区和热机影响区交界处，因此，FSW 接头失效位置也应该在此处，但是，由于 FSW 接头整体厚度分布不均匀，焊缝中心最薄（图 8 – 9）。此外，与基材合金相比，焊核区仍为软化区域，且其硬度只稍微高于热影响区与热机影响区交界处，考虑厚度补强，FSW 接头在焊缝中心断裂。

Al – Zn – Mg – Sc – Zr 合金 FSW 接头的不同显微组织微区硬度均高于 Al – Zn – Mg 合金 FSW 接头。这是因为，Al – Zn – Mg – Sc – Zr 基材中的共格 $Al_3(Sc, Zr)$ 粒子在整个 FSW 接头中均保持稳定的尺寸（20 ~ 40 nm），该粒子可强烈抑制晶界或亚晶界，以及位错的迁移，从而细化晶粒，保留大量亚结构，因此，$Al_3(Sc, Zr)$ 粒子引起的 Orowan 强化，晶界强化和亚结构强化提高了 Al – Zn – Mg 合金 FSW 接头整体强度

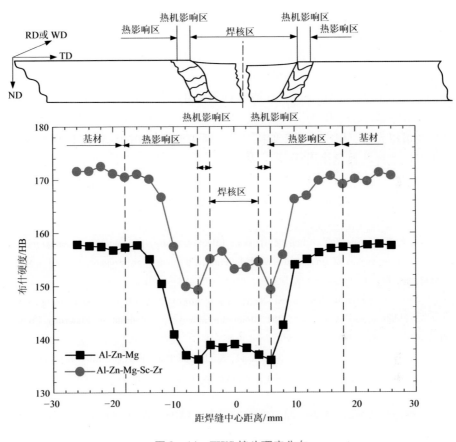

图 8 – 14 FWS 接头硬度分布

8.4.3 TIG 和 FSW 焊接接头组织和性能比较

Al – Zn – Mg 和 Al – Zn – Mg – Sc – Zr 合金硬度分别为 157HB 和 173HB。在 TIG 接头中，Al – Zn – Mg 合金接头硬度最大值和最小值的差值为 68 HB，而在 Al – Zn – Mg – Sc – Zr合金中，其差值为 85 HB；在 FSW 接头中，硬度最大值和最小值差值在 Al – Zn – Mg 和 Al – Zn – Mg – Sc – Zr 合金接头中均约为 20 HB。因此，我们可以得出，FSW 相比 TIG 可较大程度保留新型 Al – Zn – Mg – Sc – Zr 合金高强优势。由于 FSW 技术为固相连接技术，通过搅拌工具和工件之间的强烈搅拌和摩擦热软化被焊材料，其焊接温升远远低于合金熔点，且焊接过程中产生了大量的塑性变形，促进了亚结构的产生。对于 Al – Zn – Mg – Sc – Zr 合金而言，具有较好热稳定性的 $Al_3(Sc, Zr)$ 纳米粒子均匀分布于整个焊接接头（图 8 – 10

和 8 - 11），该粒子在焊核区和热机影响区可较多地保留焊接过程中形成的高密度位错和变形组织，因此，由 $Al_3(Sc, Zr)$ 纳米粒子引起的亚结构强化和 Orowan 强化可提高 FSW 接头强度。然而，TIG 为熔化焊技术，焊丝被加热到熔点后通过凝固填充被焊合金板材，熔合区为铸造枝晶结构，由 Sc 和 Zr 复合添加引起的亚结构强化完全消除，此外，产生的枝晶偏析也不能通过 Sc 和 Zr 复合添加来得到改善；在熔合区边界，$Al_3(Sc, Zr)$ 纳米粒子粗化，其引起的析出强化显著降低。通过对比 Al - Zn - Mg 和 Al - Zn - Mg - Sc - Zr 合金 TIG 和 FSW 接头显微组织和力学性能可以发现，相比于 TIG 焊接工艺，存在于基材中的钪锆在 FSW 焊接工艺下可更好地发挥其强化作用。

参考文献

[1] F. Zhang, X. K. Su, Z. Y. Chen, Z. R. Nie, Effect of welding parameters on microstructure and mechanical properties of friction stir welded joints of a super high strength Al - Zn - Mg - Cu aluminum alloy[J]. Materials & Design, 2015, 67: 483 - 491.

[2] H. J. Liu, H. Fujii, M. Maeda, K. Nogi, Tensile properties and fracture locations of friction - stir - welded joints of 2017 - T351 aluminum alloy [J]. Journal of Materials Processing Technology, 2003, 142: 692 - 696.

[3] G. M. Reddy, A. A. Gokhale, K. S. Prasad, K. Prasad Rao, Effect of filler metal composition on weldability of Al - Li alloy 1441[J]. Science & Technology of welding & Joining, 1998, 3: 208 - 212.

[4] Y. E. Wu, Y. T. Wang, Enhanced SCC resistance of AA7005 welds with appropriate filler metal and post - welding heat treatment[J]. Theoretical Applied Fracture Mechanics, 2010, 54: 19 - 26.

[5] R. K. R. Singh, C. Sharma, D. K. Dwivedi, N. K. Mehta, P. Kumar, The microstructure and mechanical properties of friction stir welded Al - Zn - Mg alloy in as welded and heat treated conditions[J]. Materials & Design, 2011, 32: 682 - 687.

[6] A. F. Norman, S. S. Birley, P. B. Prangnell, Development of new high strength Al - Sc filler wires for fusion welding 7000 series aluminum aerospace alloys[J]. Science & Technology of welding & Joining, 2003, 8: 325 - 345.

[7] V. G. Davydov, V. I. Elagin, V. V. Zakharov, T. D. Rostova, Alloying aluminum alloys with scandium and zirconium additives[J]. Metal Science and Heat Treatment, 1996, 38: 347 - 352.

[8] V. G. Davydov, T. D. Rostova, V. V. Zakharov, Y. A. Filatov, V. I. Yelagin, Scientific principles of making an alloying addition of scandium to aluminium alloys[J]. Materials Science & Engineering A, 2000, 280: 30 - 36.

[9] D. C. Lin, G. X. Wang, T. S. Srivatsan, A mechanism for the formation of equiaxed grains in welds of aluminum - lithium alloy 2090[J]. Materials Science & Engineering A, 2003, 351:

304 – 309.

[10] A. Kostrivas, J. C. Lippold, A method for studying weld fusion boundary microstructure evolution in aluminum alloys[J]. Welding Journal, 2000, 79: 1 – 8.

[11] E. A. Marquis, D. N. Seidman, Nanoscale structure evolution of Al3Sc precipitation in Al(Sc) alloys[J]. Acta Materialia, 2001, 49: 1909 – 1919.

[12] Y. Deng, G. F. Xu, Z. M. Yin, K. Zhao, J. Q. Duan, Z. B. He, Effects of Sc and Zr microalloying additions on the recrystallization texture and mechanism of Al – Zn – Mg alloys [J]. Jounal of Alloys and Compound, 2013, 580: 412 – 426.

[13] K. E. Knipling, R. A. Karnesky, C. P. Lee, D. C. Dunand, D. N. Seidman, Precipitation evolution in Al – 0. 1Sc, Al – 0. 1Zr and Al – 0. 1Sc – 0. 1Zr (at. %) alloys during isochronal aging[J]. Acta Materialia, 2010, 58: 5184 – 5195.

[14] S. Iwamura, Y. Miura, Loss in coherency and coarsening behavior of Al3Sc precipitates[J]. Acta Materialia, 2004, 52: 591 – 600.

[15] M. Dumont, W. Lefebvre, B. Doisneau – Cottignies, A. Deschamps, Characterisation of the composition and volume fraction of η and η' precipitates in an Al – Zn – Mg alloy by a combination of atom probe, small – angle X – ray scattering and transmission electron microscopy[J]. Acta Materialia, 2005, 53: 2881 – 2892.

[16] O. Hatamleh, P. M. Singh, H. Garmestani, Corrosion susceptibility of peened friction stri welded 7075 aluminium alloy joints[J]. Corrosion Science, 2009, 51: 135 – 143.

[17] Z. L. Hu, X. S. Wang, S. J. Yuan, Quantitative investigation of the tensile plastic deformation characteristic and microstructure for friction stir welded 2024 aluminum alloy[J]. Materials Characterization, 2012, 73: 114 – 123.

[18] B. Heinz, B. Skrotzki, Characterization of a Friction – Stir – Welded Aluminum Alloy 6013 [J]. Metallurgical and Materials Transactions B, 2002, 33: 489 – 498.

[19] R. S. Mishra, Z. Y. Ma, Friction stir welding and processing[J]. Materials Science & Engineering R, 2005, 50: 1 – 78.

[20] Y. M. Hwang, Z. W. Kang, Y. C. Chiou, H. H. Hsu, Experimental study on temperature distributions within the workpiece during friction stir welding of aluminum alloys[J]. International Journal of Machine Tools and Manufacture, 2008, 48: 778 – 787.

第9章　钪锆微合金化在 Al – Zn – Mg 板材超塑变形中的作用

　　超塑成型是制造航天用形状复杂铝合金构件的一种理想工艺。为满足工业制造需求，需实现高应变速率超塑成型（应变速率 ≥ $1 \times 10^{-2} s^{-1}$）。目前，用于研发高应变速率超塑铝合金的方法有两种：通过大塑性变形降低晶粒尺寸，如搅拌摩擦工艺、高压扭转、多轴锻造和叠轧；通过添加形成稳定粒子的微量元素，从而稳定热变形过程中的晶粒尺寸[1,2]尽管目前 Charit 等人[3]通过搅拌摩擦工艺开发了超塑 Al – Zn – Mg 合金，然而，迄今为止，高应变速率超塑、高强 Al – Zn – Mg 合金很难适应工业生产的简单热力工艺制备。本章的第一个目的：通过钪锆微合金化制备出适应工业大生产的高应变速率超塑、高强 Al – Zn – Mg 合金。

　　关于钪锆添加对铝合金超塑热变形过程中的显微组织影响已有报道。文献指出[1,4-6]，钪锆添加到铝合金后可形成 L1$_2$ 结构的二次共格 Al$_3$(Sc,Zr)纳米粒子，该粒子可有效抑制热变形过程中晶粒长大。尽管如此，钪锆微合金化对热变形过程中的组织发展影响，尚需深入研究。Tsivoulas 和 Prangnell[7] 近期发现，细小的 Al$_3$Zr 弥散粒子[与 Al$_3$(Sc,Zr)纳米粒子具有相似结构但有不同化学成分]，能诱发晶界迁移形核。Higginson 和 Bate[8]指出，当发生应变诱发晶界迁移，弥散相产生的 Zener 钉轧力可降低再结晶驱动力，增加晶坯弓出形核临界尺寸。作者前期[9]发现，钪锆添加可使 Al – Zn – Mg 合金板材再结晶立方织构转变为 β 纤维轧制织构。本章的第二个目的是深入阐明超塑变形过程中，钪锆添加对 Al – Zn – Mg 合金再结晶机制影响。

　　根据蠕变方程[10]，应变速率可表示为：

$$\dot{\varepsilon} = \frac{AD_0 Eb}{kT} \exp\left(-\frac{Q}{RT}\right)\left(\frac{b}{d}\right)^p \left(\frac{\sigma}{E}\right)^n \qquad (9-1)$$

其中，$\dot{\varepsilon}$ 为应变速率；A 为材料常数；E 为杨氏模量；b 为 Burgers 矢量；k 为 Boltzmann 常数；T 为绝对温度；d 为晶粒尺寸；p 为晶粒尺寸指数；σ 为应力；n 为应力指数；其倒数为应变速率敏感因子（m）；D_0 为扩散因子；Q 为激活能。方程 9 – 1 中，n，p 和 Q 为决定超塑变形机制的最重要的三个参数。根据 Liu[11] 和 Farghalli[12] 报道，大多数超细晶铝合金的超塑变形机制为晶界扩散控制的晶界滑移机制。该机制中，$n=2$，$p=2$，Q 等于晶界扩散激活能 84 kJ/mol。然而，据作者所知，目前文献仅对在特定应变下的超塑本构方程进行了分析，仍缺乏对超塑变形机制的全面揭示。本章的第三个目的是建立无钪锆添加和钪锆添加的 Al – Zn – Mg 合金在不同应变下的超塑本构方程,基于此,确定钪锆微合金化对实现高应变速率超塑性的作用机制。

9.1 热拉伸变形行为

9.1.1 断后延伸率

三种 T6 态合金板材 Al – Zn – Mg、Al – Zn – Mg – 0. 10Sc – 0. 10Zr 和 Al – Zn – Mg – 0. 25Sc – 0. 10Zr 用于超塑研究,成品板材由东北轻合金有限公司提供。超塑拉伸样品平行度段长度为 6 mm,宽度为 4 mm,拉伸测试温度区间为 450 ~ 550℃,应变速率为 $10^{-3} \sim 10^{-1} \text{s}^{-1}$。

图 9 – 1 为三种研究合金在不同变形条件下的断后伸长率。由图可知,随变形温度的升高或应变速率的增加,断后延伸率先增加后降低。在研究的变形条件

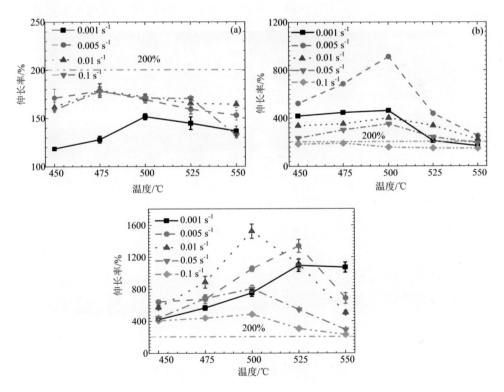

图 9 – 1 不同变形条件下断后伸长率

(a) Al – Zn – Mg 合金;(b) Al – Zn – Mg – 0. 10Sc – 0. 10Zr 合金;(c) Al – Zn – Mg – 0. 25Sc – 0. 10Zr 合金

下，无钪锆添加合金断后延伸率均小于 200 %［图 9 - 1 (a)］，为非超塑性合金；对于低钪添加合金（Al - Zn - Mg - 0.10Sc - 0.10Zr），其最佳变形速率为 5×10^{-3}，在 450 ~ 525℃下，合金延伸率均大于 500%，且最大延伸率为 910%，最佳的变形工艺为：500℃、$5 \times 10^{-3} s^{-1}$，但在高应变速率条件下（$\geq 1 \times 10^{-2}$），延伸率均小于 400%［图 9 - 1 (b)］；对于高钪添加合金（Al - Zn - Mg - 0.25Sc - 0.10Zr），其最佳应变速率为 $1 \times 10^{-2} s^{-1}$，且在该速率下较宽的温度区间内（475 ~ 525℃），其延伸率均大于 800 %，且最大延伸率为 1520 %，最佳的变形工艺为：500℃、$1 \times 10^{-2} s^{-1}$，为高应变速率超塑铝合金［图 9 - 1 (c)］。因此，0.25Sc + 0.10Zr 复合添加，可使非超塑性 Al - Zn - Mg 合金转变为高应变速率超塑合金。

图 9 - 2 为三种研究合金在典型变形条件下的宏观断口形貌。由图可知，随钪含量的增加，合金断后延伸率提高，且最佳应变速率从低应变速率转为高应变速率。未添加钪锆合金断裂时发生严重颈缩，如图 9 - 2(a)箭头所示，但对于高应变速率超塑合金，平行段只发生均匀变形，无颈缩，如图 9 - 2 (d)和图 9 - 2(e)所示。在后续研究中，我们主要选取非超塑 Al - Zn - Mg 合金和高应变速率超塑 Al - Zn - Mg - 0.25Sc - 0.10Zr 合金用于本构分析和显微组织观察。

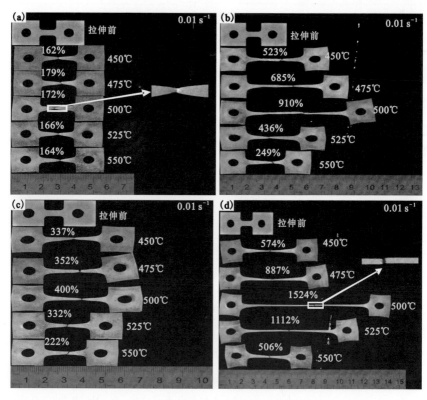

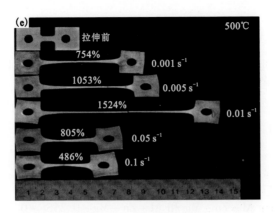

图 9 – 2   拉伸断口形貌

(a) Al – Zn – Mg 合金, 0.01 s⁻¹; Al – Zn – Mg – 0.10Sc – 0.10Zr: (b) 0.005 s⁻¹, (c) 0.01 s⁻¹;
Al – Zn – Mg – 0.25Sc – 0.10Zr: (d) 0.01 s⁻¹, (e) 500℃

9.1.2   真应力 – 真应变曲线

图 9 – 3 为在 0.01 s⁻¹ 初始应变速率下 Al – Zn – Mg 和 Al – Zn – Mg –
0.25Sc – 0.10Zr 合金的真应力 – 真应变曲线。铝合金高温变形为加工硬化和动
态软化的竞争过程。在变形初始阶段，随应变增加，位错密度大幅增加，流变
应力逐渐增加直至达到峰值应力；变形进一步进行，动态软化发生，如动态回复
和动态再结晶，流变应力逐渐下降或达到动态稳定阶段。本研究中，我们选定三
个典型真应变用于后续研究，分别对应加工硬化阶段（$\varepsilon = 0.25$）、峰值应力阶段
（$\varepsilon = 0.69$），以及动态软化阶段（Al – Zn – Mg – 0.25Sc – 0.10Zr）（$\varepsilon = 1.10$）。

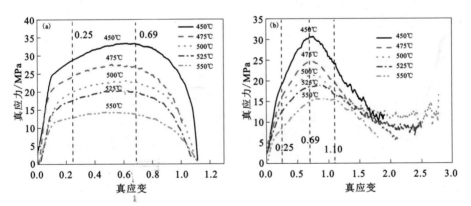

图 9 – 3   0.01 s⁻¹ 应变速率下的真应力 – 真应变曲线

(a) Al – Zn – Mg 合金; (b) Al – Zn – Mg – 0.25Sc – 0.10Zr 合金

9.1.3 应变速率敏感因子和变形激活能

应变速率敏感因子 m 为超塑变形的一个重要参数。在不同变形阶段，流变应力不同，因此，我们将计算不同真应变下的应变速率敏感因子。图 9-4 为两种研究合金在不同应变速率下的真应力变化趋势。随着应变速率的增加或变形温度的降低，真应力增加。应变速率敏感因子 m 可定义为：

$$m = \frac{\partial \lg \sigma}{\partial \lg \dot{\varepsilon}} \bigg|_T \qquad (9-2)$$

应变速率敏感因子可通过真应力－真应变速率的双对数曲线斜率得出。在加工硬化阶段（$\varepsilon = 0.25$），Al－Zn－Mg 和 Al－Zn－Mg－0.25Sc－0.10Zr 合金的应变速率敏感因子分别为：0.29 ± 0.03 和 0.33 ± 0.03，均接近 3。在 Al－Zn－Mg 合金中，当真应变为 0.69，m 降低到 0.19 ± 0.03；对于 Al－Zn－Mg－0.25Sc－0.10Zr 合金，m 随真应变的变化趋势与 Al－Zn－Mg 合金相反，真应变为 0.69 和1.10 时，应变速率敏感因子为 0.38 ± 0.04 和 0.45 ± 0.05。

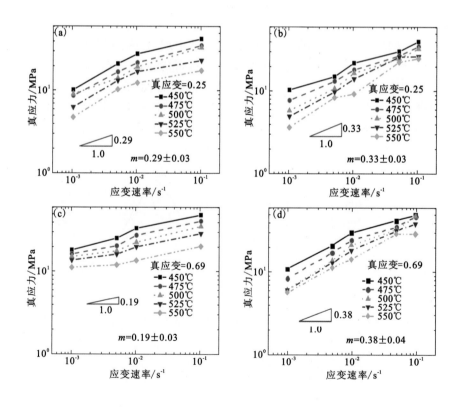

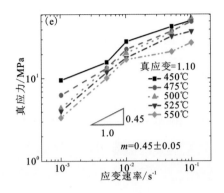

图 9－4　不同变形条件下真应力和初始应变速率关系

$\varepsilon=0.25$：（a）Al－Zn－Mg 合金；（b）Al－Zn－Mg－0.25Sc－0.10Zr 合金；$\varepsilon=0.69$：（c）Al－Zn－Mg 合金；（d）Al－Zn－Mg－0.25Sc－0.10Zr 合金；$\varepsilon=1.10$：（e）Al－Zn－Mg－0.25Sc－0.10Zr 合金

变形激活能 Q 可通过下面方程计算[13]：

$$Q = -\left.\frac{\partial(\ln\dot{\varepsilon})}{\partial(1000/RT)}\right|_{\sigma}\qquad(9-3)$$

其中，R 和 T 分别为气体常数和绝对温度。取中值应力 20 MPa，变形激活能通过 $\dot{\varepsilon}$ 与 $1000/RT$ 的斜率计算得出，如图 9－5 所示。当真应变为 0.25，Al－Zn－Mg 和 Al－Zn－Mg－0.25Sc－0.10Zr 合金的变形激活能分别为 112 kJ/mol 和 107 kJ/mol。随着变形的增加，Al－Zn－Mg 合金变形激活能增加到 121 kJ/mol，接近纯铝的点阵扩散激活能（142 kJ/mol），而 Al－Zn－Mg－0.25Sc－0.10Zr 合金变形激活能则逐步降低到晶界扩散激活能 84 kJ/mol[14]。

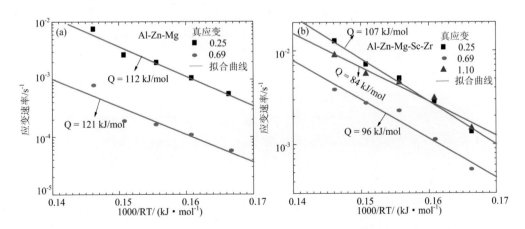

图 9－5　不同真应变下 $\dot{\varepsilon}$ 与 $1000/RT$ 关系曲线

（a）Al－Zn－Mg 合金；（b）Al－Zn－Mg－0.25Sc－0.10Zr 合金

9.2 热变形过程中的显微组织演变

9.2.1 初始显微组织

图 9 – 6 为 Al – Zn – Mg 和 Al – Zn – Mg – 0. 25Sc – 0. 10Zr 合金的初始显微组

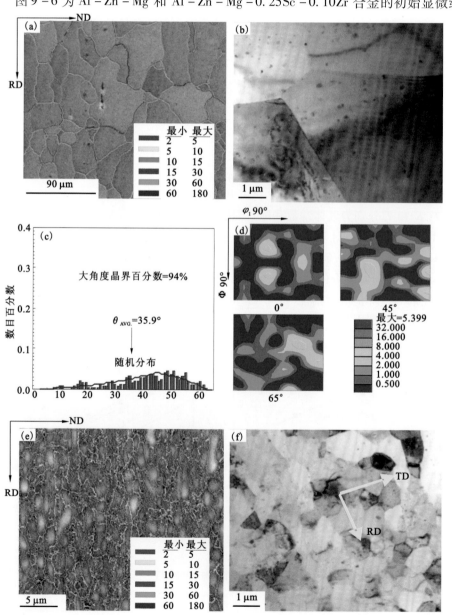

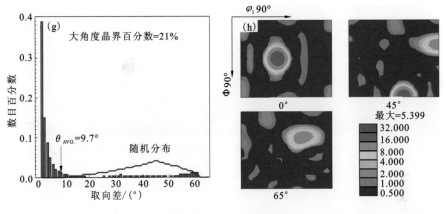

图 9－6　初始显微组织

Al－Zn－Mg 合金：(a)EBSD 显微组织；(b)TEM 显微组织；(c)取向差角分布；(d)恒 φ_2 截面的 ODFs 图；Al－Zn－Mg－0.25Sc－0.10Zr 合金：(e)EBSD 显微组织；(f)TEM 显微组织；(g)取向差角分布；(h)恒 φ_2 截面的 ODFs 图

织。由图可知，Al－Zn－Mg 合金由完全再结晶晶粒构成，晶界取向差角大多为 30°～60°，近随机分布，平均晶粒尺寸为 10.7 μm［图 9－6(a)～图 9－6(c)］。然而，Al－Zn－Mg－0.25Sc－0.10Zr 合金则由细小的微米级亚晶构成，亚晶尺寸约 0.7 μm［图 9－6(e)～图 9－6(g)］。此外，无钪锆添加合金晶体取向呈随机分布［图 9－6(d)］，Al－Zn－Mg－0.25Sc－0.10Zr 合金则主要为强烈的 β 纤维轧制织构，由 Copper 位向{112}<111>，S 位向{123}<634>和 Brass 位向{011}<112>组成［图 9－6(h)］。

9.2.2　断口和空洞特征

图 9－7 为不同变形条件下 Al－Zn－Mg 和 Al－Zn－Mg－0.25Sc－0.10Zr 合金的 SEM 断口形貌。由图可知，两种研究合金均为韧性穿晶断裂。在相同的变形条件下，相比 Al－Zn－Mg 合金，Al－Zn－Mg－0.25Sc－0.10Zr 合金断口韧窝更为细小，晶界滑移更为明显［图 9－7(a)～图 9－7(c)和图 9－7(e)］，且随着应变速率的增加，晶粒尺寸逐渐降低，晶界滑移先加强后弱化［图 9－7(d)～图 9－7(f)］。此外，钪锆添加合金断口可观察到直径为 0.5 μm 左右细丝［图 9－7(e)］。

图 9－8 为在不同变形条件下靠近断口端的侧面 SEM 形貌。从低倍 SEM［图 9－8(a)和图 9－8(b)］可知，Al－Zn－Mg 具有高百分数空洞，且空洞沿应力方向相互连接形成条带。Nieh 等人[15]认为，空洞条带的的形成是塑性变形不均

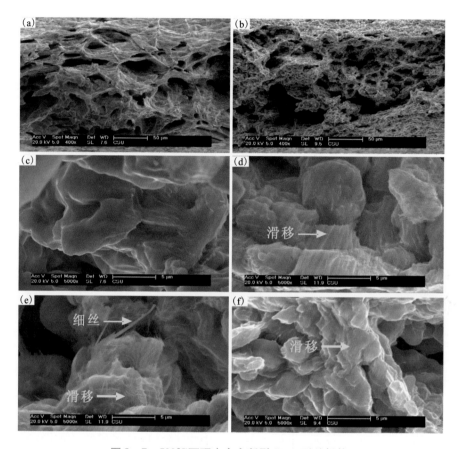

图 9 - 7　500℃下研究合金断裂 SEM 形貌低倍

Al - Zn - Mg：(a)$1 \times 10^{-2} s^{-1}$，Al - Zn - Mg - 0.25Sc - 0.10Zr：(b)$1 \times 10^{-2} s^{-1}$；高倍，Al - Zn - Mg：(c)$1 \times 10^{-2} s^{-1}$，Al - Zn - Mg - 0.25Sc - 0.10Zr：(d)$1 \times 10^{-3} s^{-1}$；(e)$1 \times 10^{-2} s^{-1}$；(f)$0.1 s^{-1}$

匀导致空洞长大的结果。然而，在 Al - Zn - Mg - 0.25Sc - 0.10Zr 合金中，尽管断后延伸率远远高于无钪添加合金，其超塑变形只诱发少量空洞形成(面积百分数 <1%)，且没有观察到空洞内部连接的现象，说明三角晶界处的应力集中得到了充分释放，材料变形均匀。与 Liu 等人[16]的实验方法相同，晶界滑移通过断后样品侧面的 SEM 进行观察。图 9 - 8(c)显示 Al - Zn - Mg 合金沿拉伸方向晶粒尺寸大于 20 μm，无明显晶界滑移。在 Al - Zn - Mg - 0.25Sc - 0.10Zr 合金中，随应变速率的增加，晶粒逐渐拉长成条状，晶界滑移逐步增强，晶粒间界面变得模糊，[图 9 - 8(d)和图 9 - 8(e)]，进一步增加应变速率，晶粒尺寸减小，晶界滑移弱化，晶界变得分明[图 9 - 8(f)]。图 9 - 8(g)为在最佳超塑变形工艺条件下观察到的细丝，结合图 9 - 7(e)可知，细丝形成于断口附近，沿拉伸方向生长，该现象

在 Cao 等人[17]的研究中也有报道。Grishaber[18]指出，细丝的形成是晶界滑移蠕变和 Mg、O 富集的结果。我们的 EDS 实验结果进一步证实了这一结论[图 9 – 8(h)和图 9 – 8(i)]。此外，我们发现，细丝存在两种不同的形貌：白色细丝和透明细丝如图 9 – 8(g)中 A 和 B 所示。EDS 结果表明，相比透明细丝，白色细丝具有更高的 O 含量。这一现象可解释为，细丝是通过富 Mg 氧化物的生成形成的（Chang 等人[19]）。

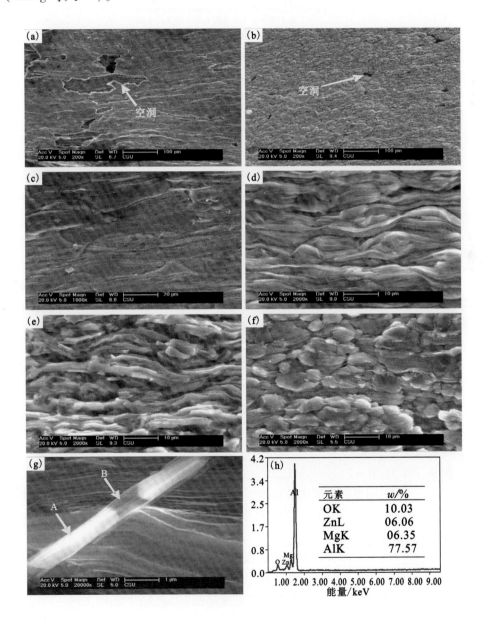

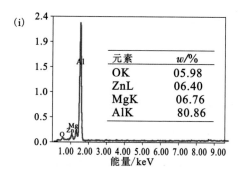

图 9-8　500℃下拉伸变形样品靠近裂纹尖端的 SEM 表面形貌

低倍，Al－Zn－Mg：(a)1×10^{-2}s^{-1}；Al－Zn－Mg－0.25Sc－0.10Zr：(b)1×10^{-2}s^{-1}；高倍，Al－Zn－Mg：(c)1×10^{-2}s^{-1}；Al－Zn－Mg－0.25Sc－0.10Zr：(d)1×10^{-3}s^{-1}；(e)和(g)~(i)1×10^{-2}s^{-1}；(f)1×10^{-1}s^{-1}

9.2.3　晶粒、晶界和织构演变

在变形初期，Al－Zn－Mg 和 Al－Zn－Mg－0.25Sc－0.10Zr 合金应变速率敏感因子和变形激活能基本相同，但在后续变形阶段则逐渐存在差异。因此，可以认为，两种合金的加工硬化机制基本相同，但动态软化机制各异。本小节，我们将着重对比两种合金在动态软化阶段的显微组织演变规律。

我们在 500℃和 1×10^{-2} s^{-1} 变形工艺下，对 Al－Zn－Mg 和 Al－Zn－Mg－0.25Sc－0.10Zr 合金的晶粒、晶界和微观织构进行了研究。针对 Al－Zn－Mg－0.25Sc－0.10Zr 合金，选定了三个典型真应变，分别对应三个典型变形阶段：峰值应力阶段(ε =0.69)、软化初期 (ε =1.10)和稳定流变阶段(ε =2.40)。

图 9-9 为 500℃、1×10^{-2} s^{-1}、ε =1.10 条件下 Al－Zn－Mg 合金的晶粒、晶界和微取向特征。对比初始显微组织和织构(图 9-6)，合金的晶粒尺寸增加到 15.4 μm，在初始的再结晶晶粒内部形成了少量的亚晶[图 9-9(a)]，小角度晶界具有高百分数 [图 9-9(b)]。此外，合金主要为立方织构，存在少量微弱的轧制织构 [图 9-9(c)]。

图 9-10 为 Al－Zn－Mg－0.25Sc－0.10Zr 合金在最佳超塑工艺(500℃和 1×10^{-2} s^{-1})，不同真应变下的显微组织特征。EBSD 定量结果和恒 φ_2 截面 ODFs 图分别如图 9-11 和图 9-12 所示。其中，图 9-11 中真应变为 0 的点代表未拉伸变形的初始阶段。

在峰值应力阶段，尽管加工硬化达到最大值，但与初始显微组织[图 9-6(f)]比较可以发现，具有轧制织构的拉长变形晶粒发生了部分回复和再结晶 [图 9-10(a)和图 9-11(a)]，晶内位错密度降低，晶粒尺寸增大[图 9-10(d)]。

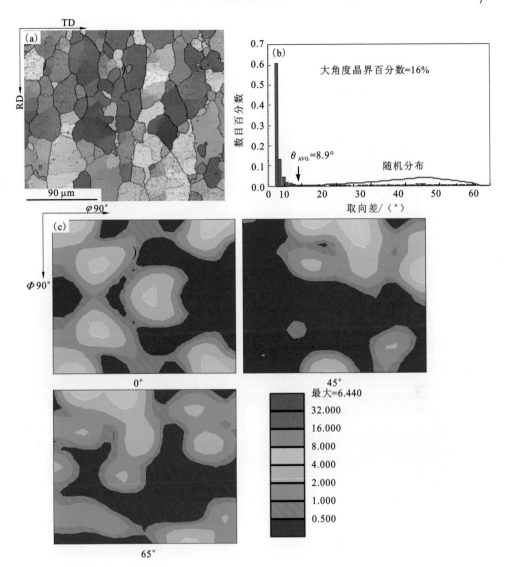

图 9 – 9　500℃,1 × 10⁻²s⁻¹和 ε =1.10 条件下研究合金的显微组织和织构特征
(a)晶体取向图;(b)位相差角分布;(c)恒 φ_2 截面 ODFs 图

S 和 Copper 位向晶粒逐步弓出形核,并向周围基体长大,说明相比其他位向晶粒,S 和 Copper 位向晶粒具有形核和长大优势。当应变达到1.10时,大量 S 和 Brass 位向晶粒形成,且晶粒进一步长大[图 9 – 10(b)和图 9 – 10(e),图 9 – 11]。在稳定变形条件下(ε =2.40),合金由均匀的微米级再结晶晶粒构成,取向呈随机分布[图 9 – 10(c)和图 9 – 10(f)和图 9 – 11(a)]。综上结果可以看出,Al – Zn – Mg – 0.25Sc – 0.10Zr 合金在整个超塑变形过程中均保持均匀的晶粒结构,无异常晶粒长大现象。

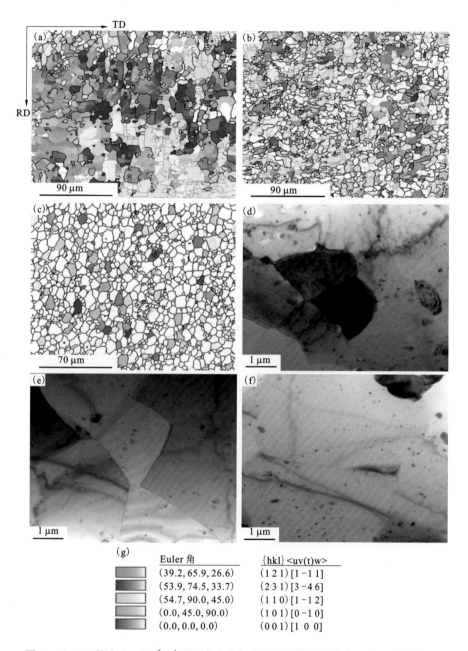

图 9 – 10   500℃和 $1 \times 10^{-2} s^{-1}$ 不同真应变条件下的显微组织演变 EBSD 位向图

(a)$\varepsilon = 0.69$;(b)$\varepsilon = 1.10$;(c)$\varepsilon = 2.40$, TEM 显微组织;(d)$\varepsilon = 0.69$;(e)$\varepsilon = 1.10$;(f)$\varepsilon = 2.40$;

(g)图 9 – 10(a) ~ 图 9 – 10(c)不同颜色代表的晶体学取向

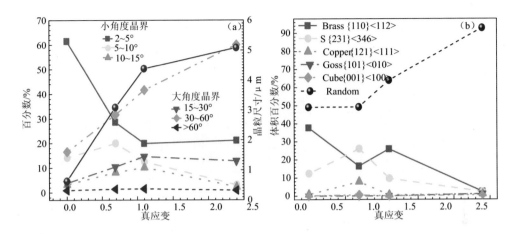

图 9 – 11　晶界取向差、晶粒尺寸和织构的 EBSD 定量结果

(a)晶界百分数和晶粒尺寸 – 真应变;(b)织构组元体积分数 – 真应变

图 9 – 11(a)的定量 EBSD 结果显示，随真应变的增加，低角度晶界，尤其是 2° ~ 5° 取向差晶界，逐渐转变为高角度晶界，尤其是 30° ~ 60° 取向差晶界 ［图 9 – 11(a)］。Umaksoshi[20]等人指出，超塑性变形初期，低角度晶界通过吸收晶内滑移位错转变为较大角度晶界;在随后的稳定变形阶段，晶界滑移增强。结合前述结果，位错滑移是变形初级阶段主要变形机制，晶界滑移为大应变下的主要变形机制。

对比图 9 – 6 初始织构可知，Al – Zn – Mg – 0.25Sc – 0.10Zr 合金热变形过程中 Cube 和 Rotated cube 逐渐弱化并消失［图 9 – 6(h)，图 9 – 10(a) ~ 图 9 – 10(c)，图 9 – 11(b)和图 9 – 12］。S 和 Copper 织构在变形初期增强，而 Brass 织构则在变形中期开始强化。当真应变为 2.40 时，晶粒呈随机取向。超塑变形过程中的织构演变与动态形核和再结晶机制密切相关。

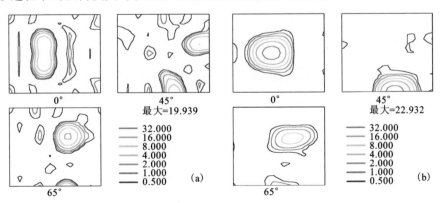

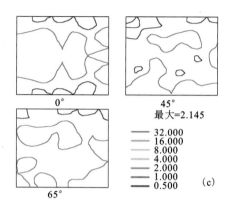

图 9 – 12   500℃和 $1 \times 10^{-2}s^{-1}$ 不同真应变下的恒 φ_2 截面 ODFs 图

(a)$\varepsilon = 0.69$;(b)$\varepsilon = 1.10$;(c)$\varepsilon = 2.40$

9.3   分析与讨论

9.3.1   钪锆微合金化对 Al – Zn – Mg 板材热变形机制的影响

在式(9 – 1)中, n, p 和 Q 是决定超塑变形机制最重要的三个参数。根据计算的 m 和 Q 可知, 热变形过程中加工硬化和动态软化阶段变形机制不同, 因此, 我们将分别建立低应变和高应变下变形本构方程, 进一步阐明超塑变形机理。

扩散系数 D 可定义为:

$$D = D_0 \exp\left(-\frac{Q}{RT} \right) \tag{9 – 4}$$

结合式(9 – 1)和式(9 – 4), 应变速率和应力关系可表述为:

$$\ln \frac{\dot{\varepsilon} k T d^p}{D E b^{p+1}} = \ln A + n \ln\left(\frac{\sigma}{E} \right) \tag{9 – 5}$$

(1)加工硬化

对于两种研究合金, 在 0.25 真应变下, n 和 Q 分别接近 3 和点阵扩散激活能, Q_l, 因此, 热变形机制为位错滑移蠕变[21]。基于 Cao[22] 和 Kumar[23] 文献, 式(9 – 5)可表述为:

$$\ln \frac{\dot{\varepsilon} k T}{D E b} = \ln A + n \ln\left(\frac{\sigma}{E} \right) \tag{9 – 6}$$

作 $\ln(\sigma/E)$ 与 $\ln(\dot{\varepsilon} k T / D E b)$ 关系曲线, 如图 9 – 13 所示, 其斜率为 n, 截距为 $\ln A$。由图可知, 实验数据与本构方程具有很好的线性关系, Al – Zn – Mg 和

Al - Zn - Mg - 0. 25Sc - 0. 10Zr 合金的 n 值分别为 3. 1 和 2. 9，进一步证明位错滑移为加工硬化阶段的主要变形机制。两种合金的本构方程如下：

$$Al - Zn - Mg：\dot{\varepsilon} = 198 \times \frac{D_0 Eb}{kT}\exp\left(-\frac{112000}{RT}\right)\left(\frac{\sigma}{E}\right)^3 \qquad (9 - 7)$$

$$Al - Zn - Mg - Sc - Zr：\dot{\varepsilon} = 33 \times \frac{D_0 Eb}{kT}\exp\left(-\frac{107000}{RT}\right)\left(\frac{\sigma}{E}\right)^3 \qquad (9 - 8)$$

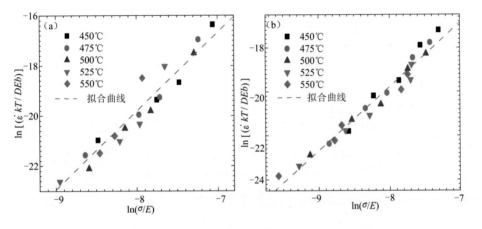

图 9 - 13　$\varepsilon = 0. 25$ 下 $\ln(\dot{\varepsilon} kT/DEb) - \ln(\sigma/E)$

(a) Al - Zn - Mg 合金；(b) Al - Zn - Mg - 0. 25Sc - 0. 10Zr 合金

(2) 动态软化

$\dot{\varepsilon}$ 为 0. 69 时，Al - Zn - Mg 合金的 n 值接近 5，Q 值为 121 kJ/mol，接近 Q_1（142 kJ/mol），说明变形机制为速率控制的位错攀移。在 Al - Zn - Mg - 0. 25Sc - 0. 10Zr 合金中，$\dot{\varepsilon} = 1. 10$ 时，$n = 2$，$Q = 84$ kJ/mol[等于晶界扩散激活能，Q_{gb}（84 kJ/mol）]，表明变形主要为晶界滑移机制（grain boundary sliding，GBS），该结果与显微组织结果一致。基于位错攀移和 GBS 模型，基于建立的本构方程拟合曲线和实验数据如图 9 - 14 所示。由图可知，实验数据和拟合曲线具有较高线性相关性，表明本构方程建立合理。两种研究合金的本构方程分别为：

$$Al - Zn - Mg：\dot{\varepsilon} = 5. 6 \times 10^6 \times \frac{D_0 Eb}{kT}\exp\left(-\frac{121000}{RT}\right)\left(\frac{\sigma}{E}\right)^5 \qquad (9 - 9)$$

$$Al - Zn - Mg - Sc - Zr：\dot{\varepsilon} = 148 \times \frac{D_0 Eb}{kT}\{exp\}\left(-\frac{84000}{RT}\right)\left(\frac{b}{d}\right)^2\left(\frac{\sigma}{E}\right)^2$$

$$(9 - 10)$$

结合上述结果，可以得出，Al - Zn - Mg 合金在热变形过程中先发生位错滑移蠕变，之后为位错攀移蠕变；Al - Zn - Mg - 0. 25Sc - 0. 10Zr 合金则先是位错滑移蠕变，接着轧制位向的超细亚晶逐渐转变为随机取向的微米级再结晶晶粒，晶界滑移机制启动。在热变形过程中，钪锆微合金化对加工硬化影响较小，主要影响热变形过程中的动态软化。

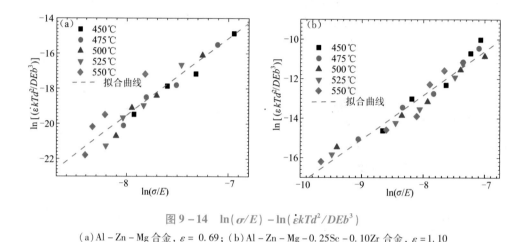

图 9 – 14　$\ln(\sigma/E)$ – $\ln(\dot{\varepsilon}kTd^2/DEb^3)$

(a) Al – Zn – Mg 合金，$\varepsilon = 0.69$；(b) Al – Zn – Mg – 0.25Sc – 0.10Zr 合金，$\varepsilon = 1.10$

9.3.2　实现 Al – Zn – Mg 合金高应变速率超塑性的钪锆微合金化机理

（1）细化初始显微组织

要获取结构超塑性，晶粒尺寸需小于 15 μm。钪锆复合添加到铝合金后主要以两种相形式存在：微米级的初生 $Al_3(Sc, Zr)$ 粒子和纳米级的次生 $Al_3(Sc, Zr)$ 粒子。初生 $Al_3(Sc, Zr)$ 粒子形成于铸造凝固过程，为晶粒形核提供潜在的形核位置。当未添加 Zr 时，Sc 含量只有大于 0.55%（共晶点成分），才能细化铸造组织，但存在 0.10% Zr 时，Sc 含量只要大于 0.18% 就可起到细化晶粒效果（见第 2 章，[24]）。因此，0.25% Sc + 0.10% Zr 添加的 Al – Zn – Mg 合金晶粒相比 0.10% Sc + 0.10% Zr 添加合金，晶粒更为细小。纳米级的次生 $Al_3(Sc, Zr)$ 粒子形成于均匀化热处理过程中，可有效抑制成品材料制备过程中再结晶的发生和晶粒长大，更多的保留亚结构，Sc 含量越高，再结晶程度越低。综上所示，0.25% Sc + 0.10% Zr 添加的 Al – Zn – Mg 合金相比 0.10% Sc + 0.10% Zr 添加合金板材具有更为细小的超细亚晶组织，更加满足高速超塑性的显微组织要求。

（2）稳定热变形过程中的细晶结构

钪锆复合微合金化实现高应变速率超塑性，除了形成超细亚晶结构外，还可归因为稳定热变形过程中的晶粒尺寸。在最佳超塑工艺（500℃ 和 $1 \times 10^{-2} s^{-1}$）不同应变条件下，Al – Zn – Mg – 0.25Sc – 0.10Zr 合金中 $Al_3(Sc, Zr)$ 粒子的 TEM 明场和超点阵中心暗场照片如图 9 – 15 所示。在中心暗场照片中，$Al_3(Sc, Zr)$ 粒子呈球形，基于对约 350 个 Al₃(Sc, Zr)粒子的统计结果，当 $\varepsilon = 0.69$ 时，粒子平均尺寸约为 (18.9 ± 9.2) nm［图 9 – 15(a)］，当 $\varepsilon = 1.10$ 时，粒子尺寸为 (21.2 ± 7.8) nm［图 9 – 15(c)］。当应变增加到 2.40 时，Al₃(Sc, Zr)粒子密度大幅降低，粒子尺寸不均匀，同时存在直径大于 100 nm 的粒子，也存在尺寸为 28 nm 的小粒子［图 9 – 15(e)和图 9 – 15(f)］。TEM 明场形貌［图 9 – 15(b)和图 9 – 15(d)］显示，变形初期，Al₃(Sc, Zr)粒子与基体共格(从 Ashby – Brown 衬度判定)，这些共格粒子强烈钉扎位错和亚晶界或晶界，抑制晶粒长大。随变形程度的增加，粒子粗化，但仍可提供一定的 Zener 钉扎力，抑制晶粒快速粗化［图 9 – 15(f)］。从而，在发生 1000% 热变形后，Al – Zn – Mg – 0.25Sc – 0.10Zr 合金晶粒尺寸仍然小于 5.5 μm［图 9 – 11(a)］。此外，从峰值应力阶段到动态软化阶段，随真应变的增加，位错密度逐步降低［图 9 – 11(a)、图 9 – 11(c)、图 9 – 11(e)］，位错滑移蠕变弱化，晶界滑移增强。

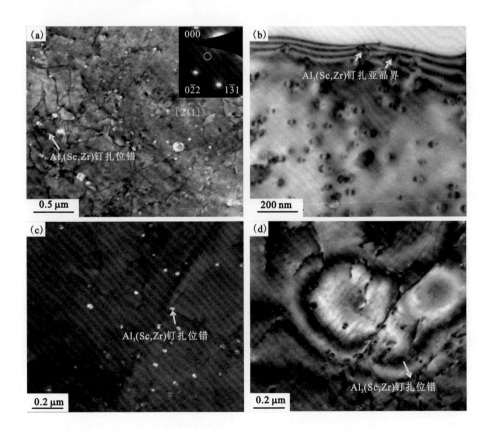

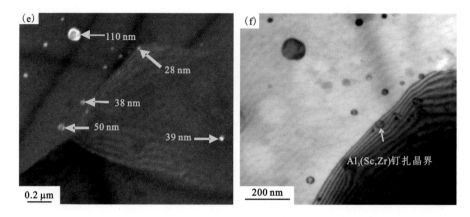

图 9 – 15　500℃Al – Zn – Mg – 0. 25Sc – 0. 10Zr 合金不同真应变下

Al₃(Sc, Zr) 纳米粒子的 TEM 照片

$\varepsilon = 0.69$：(a)(110)超点阵暗场照片；(b)明场照片；$\varepsilon = 1.10$：(c)(110)超点阵暗场照片；(d)
明场照片；$\varepsilon = 2.40$：(e)(110)超点阵暗场照片；(f)明场照片

(3)促进热变形过程晶粒均匀形核和长大

在超塑性变形过程中形成均匀的晶粒组织(图 9 – 10)，是钪锆微合金化实现高应变速率超塑性的另一个重要原因。

Yoshida[25] 和 Li[26] 指出，织构发展决定合金的塑性变形能力。结合图 9 – 6、图 9 – 9 和图 9 – 10 的织构结果可知，Al – Zn – Mg 合金初始晶粒呈随机分布，热变形后，具有微弱的立方织构(图 9 – 9)。根据 Vatne[27] 和 Deng[9] 报道，无钪锆添加合金的晶粒长大机制为立方长大。对于非再结晶的 Al – Zn – Mg – 0. 25Sc – 0. 10Zr 合金而言，其动态形核和长大机制与无钪锆合金截然不同，下面将详细讨论。

Al – Zn – Mg – 0. 25Sc – 0. 10Zr 合金初始组织由亚晶构成，亚晶转变为新晶粒晶胚需拥有能量优势。基于 Read – Schockley 方程，再结晶形核驱动力或储能可表述为：

$$P_{\mathrm{D}} = \frac{Gb}{\delta_{\mathrm{SB}}}\left[\frac{\alpha\theta}{4\pi(1-v)}\ln\left(\frac{e\theta_C}{\theta} \right) + 0.5 C_{\mathrm{P}}^2\,\frac{b}{\delta} \right] \qquad (9-11)$$

其中，G 为剪切模量，v 为 Poisson 比，b 为 Burgers 矢量，θ 为亚晶取向差角，C_{P} 为合金常数，δ_{SB} 为亚晶尺寸，θ_{c} 为大角度晶界的临界取向差角。

代入 EBSD 测定的亚晶尺寸和取向差角，计算出的 Copper、S 和 Brass 位向亚晶的储能或驱动力分别为 863、839 和 748 kJ · m⁻³。对比已有文献发现，Al – Zn – Mg – 0. 25Sc – 0. 10Zr 合金的驱动力大于无钪锆添加合金，例如，Guiglionda 等人[28] 通过 X 射线衍射和 Wilkens 理论计算的 Al – 2.5% Mg 合金储能约为90 ~ 400 kJ · m⁻³；运用本文中相同的方法，Huang[29] 计算的 Al – 0.05% Si

合金储能为 40 ~ 130 kJ/m³。Al – Zn – Mg – Sc – Zr 合金中的较高储能，主要源于在板材制备过程中二次 Al₃(Sc, Zr)粒子更多地保留了位错和亚结构。

二次 Al₃(Sc, Zr)粒子提供的 Zener 钉扎力可通过下式进行计算：

$$P_Z = \frac{3\gamma_{GB}f_v}{D} \tag{9-12}$$

其中，f_v 和 D 分别为弥散粒子的体积分数和直径。

从图 9 – 15 可知，在最佳的超塑变形工艺条件下，随真应变的增加，Al₃(Sc, Zr)粒子尺寸增加，体积分数减小。在变形初期，较强的 Zener 钉扎力可产生一阈值，选择性地让部分晶粒优先形核和长大，具有高储能位向的晶粒（Copper 和 S 取向晶粒）更易挣脱高密度 Al₃(Sc, Zr)粒子产生的 Zener 钉扎力，优先形核形成新晶粒，因此，动态软化初期，Copper 和 S 织构密度增加。随变形的进一步发生，Copper 和 S 位向晶粒内的储能逐渐消耗，从而 Brass 位向晶粒逐步形核，Brass 织构密度增加。该结果与 Bate 等人[30]报道的结果类似，在 Al – 6Cu – 0.4Zr 合金中，当晶界存在细小粒子产生的 Zener 钉扎力时，在高应变下，合金主要存在 Brass 织构。

通过初始晶界迁移形核及变形晶粒内的亚晶长大，新形成或长大的晶粒仍保留与初始晶粒相近的位向，因此，随热变形程度的增加，轧制织构体积分数增加[图 9 – 11(b)]。在超塑变形过程中，S、Copper 和 Brass 位向晶粒在形核和长大中相互竞争，保证了动态再结晶中无异常晶粒长大，晶粒始终细小均匀。Al – Zn – Mg – 0.25Sc – 0.10Zr 合金的上述特征，可有效促进晶间协同变形和晶界滑移，减少交叉晶界处应力集中和空洞的形成。随变形程度的增加，Al₃(Sc, Zr)粒子产生的 Zener 钉扎力减小，选择性晶粒长大弱化，晶粒取向随机化。

综上所示，钪锆微合金化使非超塑性 Al – Zn – Mg 合金具有高应变速率超塑性机理可概括为：细化初始晶粒，抑制热变形过程中晶粒长大，均匀化热变形过程中的晶粒结构。

参考文献

[1] R. Kaibyshev, E Avtokratova, A Apollonov, R. Davies. High strain rate superplasticity in an Al – Mg – Sc – Zr alloy subjected to simple thermomechanical processing [J]. Scripta Materialia, 2006, 54: 2119 – 2124.

[2] S. Lee, A. Utsunomiya, H. Akamatsu, K. Neishi, M. Furukawa, Z. Horita, T. G. Langdon. Influence of scandium and zirconium on grain stability and superplastic ductilities in ultrafine grained Al – Mg alloys[J]. Acta Materialia, 2002, 50: 553 – 564.

[3] I. Charit, R. S. Mishra. Low temperature superplasticity in a friction – stir – processed ultrafine grained Al – Zn – Mg – Sc alloy[J]. Acta Materialia, 2005, 53: 4211 – 4223.

[4] K. E. Knipling, D. N. Seidman, D. C. Dunand. Ambient – and high – temperature mechanical properties of isochronally aged Al – 0. 06Sc, Al – 0. 06Zr and Al – 0. 06Sc – 0. 06Zr(at. %) alloys[J]. Acta Materialia, 2011, 59: 943 – 954.

[5] Z. L. Ning, S. Guo, F. Y. Cao, G. J. Wang, Z. C. Li, J. F. Sun. Microstructural evolution during extrusion and ECAP of a spray – deposited Al – Zn – Mg – Cu – Sc – Zr alloy[J]. Journal of Materials Science, 2010, 45: 3023 – 3029.

[6] M. E. van Dalen, T. Gyger, D. C. Dunand, D. N. Seidman. Effects of Yb and Zr microalloying additions on the microstructure and mechanical properties of dilute Al – Sc alloys[J]. Acta Materialia, 2011, 59: 7615 – 7626.

[7] D. Tsivoulas, P. B. Prangnell. The effect of Mn and Zr dispersoids – forming additions on recrystallization resistance in Al – Cu – Li AA2198 sheet [J]. Acta Materialia, 2014, 77: 1 – 16.

[8] H. Higginson, P. Bate. Substructure drag effects and recrystallization textures in aluminum[J]. Acta Materialia, 1999, 47: 1079 – 1090.

[9] Y. Deng, G. F. Xu, Z. M. Yin, X. F. Lei, J. W. Huang. Effects of Sc and Zr microalloying additions on the recrystallization texture and mechanism of Al – Zn – Mg alloys[J]. Journal of Alloys & Compounds, 2013, 580: 412 – 426.

[10] S. Y. Li, Y. Zhang, N. R. Tao, K. Lu. Effect of the Zener – Hollomon parameter on the microstructures and mechanical properties of Cu subjected to plastic deformation[J]. Acta Materialia, 2009, 57: 761 – 772.

[11] F. C. Liu, Z. Y. Ma, F. C. Zhang. High strain rate superplasticity in a micro – grained Al – Mg – Sc alloy with predominant high angle grain boundaries [J]. Journal of Materials Science & Technology, 2012, 28(11): 1025 – 1030.

[12] A. M. Farghalli. Micrograin Superplasticity. Characteristics and Utilization[J]. Materials, 4, 1194 – 1223(2011).

[13] Y. N. Wang, J. C. Huang. Comparison of grain boundary sliding in fine grained Mg and Al alloys during superplastic deformation[J]. Scripta Materialia, 2003, 48: 1117 – 1122.

[14] D. H. Shin, C. S. Lee, W. J. Kim. Superplasticity of fine – grained 7475 Al alloy and a proposed new deformation mechanism. Acta Materialia, 1997, 45: 5195 – 5202.

[15] T. G. Nieh, L. M. Hsiung, J. Wadsworth, R. Kaibyshev. High strain rate superplasticity in a continuously recrystallized Al – 6% Mg – 0. 3% Sc alloy[J]. Acta Materialia, 1998, 46(8): 2789 – 2800.

[16] F. C. Liu, Z. Y. Ma. Low – temperature superplasticity of friction stir processed Al – Zn – Mg – Cu alloy[J]. Scripta Materialia, 2008, 58: 667 – 670.

[17] W. D. Cao, X. P. Lu, H. Conrad. Whisker formation and the mechanism of superplastic deformation[J]. Acta Materialia, 1996, 44(2): 697 – 706.

[18] R. B. Grishaber, R. S. Mishra, A. K. Mukherjee. Effect of testing environment on intergranular microsuperplasticity in an aluminum MMC[J]. Materials Science & Engineering A, 1996, 220:

78 – 84.

［19］ J. K. Chang, E. M. Taleff, P. E. Krajewski, J. R. Ciulik. Effects of atmosphere in filament formation on a superplastically deformed aluminum – magnesium alloy［J］. Scripta Materialia, 2009, 60: 459 – 462.

［20］ Y. Umaksoshi, W. Fujitani, T. Nakano, A. Inoue, K. Ohtera, T. Mukai, K. Higashi. The role of dislocations in high – strain – rate superplasticity of an Al – Ni – misch metal alloy［J］. Acta Materialia, 1998, 46: 4469 – 4478.

［21］ A. V. Kazantzis, Z. G. Chen, J. Th. M. De Hosson. Deformation mechanism of aluminum – magnesium alloys at elevated temperatures［J］. Journal of Materials Science, 2003, 48: 7399 – 7408.

［22］ F. R. Cao, Z. L. Li, N. X. Zhang, H. Ding, F. X. Yu, L. Zuo. Superplasticity, flow and fracture mechanism in an Al – 12. 7Si – 0. 7Mg alloy［J］. Materials Science & Engineering A, 2013, 571: 167 – 183 .

［23］ P. Kumar, M. E. Kassner, T. G. Langdon. The role of Harper – Dorn creep at high temperatures and very low stresses［J］. Journal of Materials Science, 2008, 43: 4801 – 4810.

［24］ J. H. Li, B. Oberdorfer, S. Wurster, P. Schumacher. Impurity effects on the nucleation and growth of primary Al3 (Sc, Zr) phase in Al alloys［J］. Journal of Materials Science, 2014, 49: 5961 – 5977.

［25］ K. Yoshida, T. Ishizaka, M. Kuroda, S. Ikawa. The effects of texture on formability of aluminum alloy sheets［J］. Acta Materialia, 2007, 53: 4499 – 4506.

［26］ S. Y. Li, F. W. Sun, H. Li. Observation and modeling of the through – thickness texture gradient in commercial – purity aluminum sheets processed by accumulative roll – bonding［J］. Acta Materialia, 2012, 58: 1317 – 1331 .

［27］ H. E. Vatne, O. Engler, E. Nes. Influence of particles on recrystallization textures and microstructures of aluminum alloy 3103［J］. Journal of Materials Science & Technology, 1997, 13: 93 – 102.

［28］ G. Guiglionda, A. Borbély, J. H. Driver. Orientation – dependent stored energies in hot deformed Al – 2. 5% Mg and their influence on recrystallization［J］. Acta Materialia, 2004, 52: 3413 – 3423.

［29］ Y. Huang, F. J. Humphreys. Measurements of grain boundary mobility during recrystallization of a single – phase aluminium alloy［J］. Acta Materialia, 1997, 47: 2259 – 689 .

［30］ P. S. Bate, Y. Huang, F. J. Humphreys. Development of the "brass" texture component during the hot deformation of Al – 6Cu – 0. 4Zr［J］. Acta Materialia, 2004, 52: 4281 – 4289.

图书在版编目(CIP)数据

铝锌镁系合金钪锆复合微合金化/邓英,尹志民,徐国富著.
—长沙:中南大学出版社,2015.11
ISBN 978 – 7 – 5487 – 2073 – 7

Ⅰ.铝…Ⅱ.①邓…②尹…③徐…Ⅲ.铝合金 – 微合金化 – 研究
Ⅳ.TG146.2

中国版本图书馆 CIP 数据核字(2015)第 296908 号

铝锌镁系合金钪锆复合微合金化

邓　英　尹志民　徐国富　著

□责任编辑	史海燕　　刘小沛	
□责任印制	易建国	
□出版发行	中南大学出版社	
	社址:长沙市麓山南路	邮编:410083
	发行科电话:0731-88876770	传真:0731-88710482
□印　　装	湖南鑫成印刷有限公司	

□开　　本	720×1000　1/16	□印张 11.25	□字数 216 千字
□版　　次	2015 年 11 月第 1 版	□印次	2015 年 11 月第 1 次印刷
□书　　号	ISBN 978 – 7 – 5487 – 2073 – 7		
□定　　价	80.00 元